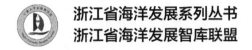

浙江省海洋发展系列丛书
浙江省海洋发展智库联盟

美丽海湾保护
与建设行动研究

乔观民　李加林　马静武　著

U0221308

Zhejiang University Press
浙江大学出版社
·杭州·

图书在版编目(CIP)数据

美丽海湾保护与建设行动研究 / 乔观民,李加林,
马静武著.— 杭州：浙江大学出版社，2023.11
ISBN 978-7-308-24408-4

Ⅰ．①美… Ⅱ．①乔… ②李… ③马… Ⅲ．①海湾—
生态环境—环境保护—研究—浙江②海湾—生态环境建设
—研究—浙江 Ⅳ．①X321.255②X145

中国国家版本馆 CIP 数据核字(2023)第 224541 号

美丽海湾保护与建设行动研究

乔观民　李加林　马静武　著

责任编辑	伍秀芳
责任校对	蔡晓欢
封面设计	周　灵
出版发行	浙江大学出版社
	（杭州市天目山路 148 号　邮政编码 310007）
	（网址：http://www.zjupress.com）
排　　版	杭州晨特广告有限公司
印　　刷	广东虎彩云印刷有限公司绍兴分公司
开　　本	710mm×1000mm　1/16
印　　张	11.5
字　　数	213 千
版 印 次	2023 年 11 月第 1 版　2023 年 11 月第 1 次印刷
书　　号	ISBN 978-7-308-24408-4
定　　价	68.00 元

"浙江省海洋发展系列丛书"

指导委员会

Forword 总序

　　海洋生态文明建设是美丽中国与海洋强国建设的重要组成部分。

　　海洋生态文明建设是一个复杂的系统工程,涉及海域使用、资源规划、环境保护、生态补偿等多个方面。同时,由于海洋具有区域范围广、流动性强的特点,海洋生态保护面临资源产权不清晰、污染责任难界定、环境治理成本高、生态产品价值难以实现等诸多现实问题,且近岸海域环境污染、部分资源过度开发、海域使用冲突等问题长期未能得到有效解决。海洋已成为美丽中国建设的最大短板,而海洋生态损害也成为制约我国海洋强国建设的关键因素。鉴于此,推进海洋生态文明建设是当前生态建设工作的重中之重。

　　习近平总书记高度重视海洋生态文明建设。早在 2003 年,时任浙江省委书记的习近平同志就提出,"治理修复海洋环境是一项造福子孙后代的大事,各级各地要高度重视这项工作"[①]。2023 年 4 月,习近平总书记在广东考察时进一步强调:"加强海洋生态文明建设,是生态文明建设的重要组成部分。要坚持绿色发展,一代接着一代干,久久为功,建设美丽中国,为保护好地球村作出中国贡献。"在习近平生态文明思想指导下,党的十八大以来,党中央对海洋生态文明建设的重视程度不断加深,对海洋生态环境的保护在认识高度、改革力度和实践内容上发生了重大变化,提出了开发与保护并重、陆海统筹治理等海洋生态文明建设理念,推进实施了海洋生态红线制度、湾长制、海域排污总量控制等诸多创新举措。至此,我国海洋生态文明建设进入了创新突破的关键时期。

　　浙江是习近平生态文明思想的重要萌发地,也是"绿水青山就是金山银山"理念的发源地。近些年,浙江在推进海洋生态文明建设方面取得了显著成效。立足浙江实践,认真梳理海洋生态文明建设中面临的问题,总结浙江推进海洋生态文明建设的战略举措,提炼海洋生态文明建设的"浙江样板",既是对美丽海洋建设浙江实践的一次全面回顾,又是对以生态为根基推进海洋强国建设的一次溯源剖析。浙江拥有得天独厚的海洋资源禀赋,海岸线总长 6715 千米,并且是全国岛屿最多

---

　　① 习近平 2003 年 5 月 16 日在加快海洋发展座谈会上的讲话,选自《干在实处 走在前列》,中共中央党校出版社,2013 年 10 月版

的省份。如何在生态优先的基础上将海洋生态价值更好地转化为海洋经济价值，是推进海洋生态文明建设面临的重要课题。浙江独特的海洋区位优势和海洋资源优势为实现海洋生态产品价值的多样化奠定了基础，进而为全国提供了生动的实践案例。同时，浙江近岸海域是全国陆源污染最为严重的海域之一。改革开放以来，填海造地和流域大型水利工程等生产性活动造成了诸多生态问题，海洋生态损害现象频发。因此，以浙江为典型案例，认真诊断和识别海洋生态文明建设中的难点、着力点和突破路径，可以为全国沿海地区海洋生态文明建设提供参考示范。

鉴于海洋生态文明建设的重要性和现实紧迫性，以及"浙江样板"的示范价值，宁波大学东海战略研究院课题组作为浙江省海洋发展智库联盟的牵头单位，立足浙江现实问题和实践经验，针对海洋生态文明建设中的若干核心主题和前沿领域专门编撰了本套系列丛书。丛书包括五本专著，分别是胡求光教授编写的《浙江近岸海域生态环境陆海统筹治理机制研究》、马仁锋教授编写的《推进完善陆海区域协调体制机制研究》、余璇博士编写的《多级海域使用权交易机制设计与浙江实践》、乔观民教授编写的《美丽海湾保护与建设行动研究》和刘桂云教授编写的《港口船舶污染事故风险评价及应急研究》。丛书遵循从理念到模式再到实践的基本逻辑，围绕"坚持陆海统筹理念""创新海域利用模式"和"推进重点领域突破"三个维度，系统开展了海洋生态文明建设的理论分析、机制设计和政策探讨，总结了浙江在海洋生态文明建设关键领域中的典型模式和成功经验。

《浙江近岸海域生态环境陆海统筹治理机制研究》和《推进完善陆海区域协调体制机制研究》是丛书的"理念篇"。两本书基于"坚持陆海统筹理念"的系统论视角，系统阐释了陆海协同推进海洋生态文明建设的理论机制。《多级海域使用权交易机制设计与浙江实践》是丛书的"模式篇"，该书聚焦"创新海域利用模式"中的关键环节，探讨多层次、多主体的海域使用权交易模式和制度安排。《美丽海湾保护与建设行动研究》和《港口船舶污染事故风险评价及应急研究》是丛书的"实践篇"，两本书聚焦"推进重点领域突破"，选取海湾保护与建设、港口船舶污染应急两大焦点领域，深入探讨了具体的实践路径和行动方案。

陆海统筹是建设海洋强国的核心要义。党的十九大报告指出，要"坚持陆海统筹，加快建设海洋强国"，陆海统筹发展理念也是海洋生态文明建设的基本理念。海洋中80%的污染物都来自陆地，目前，陆地的污染物入海总量已经超过了海洋的承载能力，而陆源污染长期未能得到有效遏制的根本原因在于陆海分割的管理体制和机制。"条块分割、以块为主、分散治理"的传统陆海生态监管机制极易形成多头管理、无人负责的监管真空。《浙江近岸海域生态环境陆海统筹治理机制研究》和《推进完善陆海区域协调体制机制研究》聚焦陆海统筹发展理念，论述了陆海协同治理海洋生态环境的机制设计和陆海区域协调体制机制的构建。胡求光教授主编的《浙江近岸海域生态环境陆海统筹治理机制研究》选取受陆源污染影响严重的浙江近岸海域为对象,深入研究了陆海统筹的浙江近岸生态环境治理体制和运行机制,着力解决因管理体制制约而长期未能有效解决的陆海关联密切的生态环境损害问题。该书基于浙江近岸海域生态环境监管面临的现实困境,重点研究了以下问题:一是浙江近岸海域现行的海洋生态环境监管绩效;二是现行的浙江近岸海域生态环境治理体制机制存在的突出问题;三是机构改革后"市场—政府—社会"三元机制互补、协同联动的海洋生态环境治理机制如何发挥作用;四是体制机制创新后浙江近岸海域的海洋生态环境治理机制运行成效评价,系统设计治理体制机制和具体实现路径。该书的学术贡献在于:一是研究问题的突破。该书针对当前海洋生态环境治理"条块分割"以及无法适应海洋生态环境一体化治理需求的现实情况,围绕"陆海统筹"这一核心概念,从部门协作、多元参与等多个维度研究构建陆海统筹的浙江近岸海域生态环境治理机制,拓展了我国在改革生态环境治理机制和陆海统筹领域的研究。二是学术观点的创新。该书立足陆海统筹视角探究海洋生态治理机制的构建,有助于推动近岸海域生态环境从管理转向治理,建立起从单中心管理模式转向多中心治理模式、从单一管理模式转向多元化治理模式、从碎片化管理模式转向系统治理模式。三是研究方法和分析工具的突破。该书成功运用文献计量分析知识图谱、合成控制法、系统动力学等多种定量研究方法和分析工具,实现海洋生态治理制度研究从定性分析到定量评估的学术跨越。

马仁锋教授编写的《推进完善陆海区域协调体制机制研究》系统诠释了"八八战略"中"陆海区域协调思想"的形成、发展、升华,阐释了浙江陆海区域协调发展的历史逻辑、理论逻辑和实践逻辑,指明了新时期浙江开展空间发展均衡调控、市场与政府协同、"三生"空间耦合等陆海区域协调发展政策创新的理论逻辑与可能方向。首先,从陆上浙江、海上浙江及两者发展不均衡性、不充分性、不协同性维度,刻画了浙江陆海区域协调发展的历史基础,阐释了"八八战略中有关陆海区域协调"的学理思想。在此基础上,聚焦浙江陆海区域协调发展的关键资源配置,深入解读了土地资源、人力资源、科技资源等事关浙江陆海区域协调发展的关键要素投入及其跨地域、跨主体的协调实践成效和政策创新,阐明了浙江陆海区域协调发展体制机制演进的实践逻辑及其理论创新。最后,基于实践逻辑和理论创新脉络的引导,锚定空间均衡的政策网络、市场与政府的协同效用、"三生"空间的价值耦合展望了迈向共同富裕示范区的浙江陆海区域协调新路径。该书的学术贡献在于:系统分析了"八八战略中有关陆海区域协调"的学理,解析了浙江陆海区域协调改革发展的政策实践成效及其创新之处。一方面,点面结合分析了浙江港口、海湾、海域等类型的国土空间在区域协调发展中的价值及其实现方式;另一方面,概览式解析相关类型国土空间在陆海区域协调发展过程中生态环境一体化治理之路。该书既为新时期浙江省陆海区域协调发展政策创新提供了理论逻辑,又阐明了新时期浙江海洋发展理念与实践模式。

创新海域利用模式是提升海洋资源利用效率、推进海洋开发绿色转型发展的重要抓手,推进海域利用模式向高效、集约转变,关键在于海域使用权交易机制的优化设计。合理的海域产权制度安排能够激励用海主体更加高效地利用海域资源。基于当前自然资源资产产权制度改革的背景,深入研究和科学设计海域使用权交易机制,对于优化海域产权结构,提升海域资源配置效率,促进海洋经济可持续发展具有重要意义。余璇博士主编的《多级海域使用权交易机制设计与浙江实践》一书,在构建多级海域使用权交易的理论框架基础上,分析国外海域使用制度的发展历程,研究了浙江海域有偿使用的历史沿革和海域使用效率的静态数值和动态变化情况。该书认为,在海域国家所有制和海域有偿使用制度的约束下,海域使用权交易机制按照交易主体和主导机制的不同对应了"一二三"级海域使用权交易市场。其中,一级交易市场主要解决初始海域使用权的配置问题;二级交易市场主要解决地方政府间海域使用权的交易问题;三级交易市场主要解决企业(个人)间的海域使用权交易问题。借助系统动力学模型,通过设定不同的情景对所构建的多级海域使用权交易机制进行动态仿真模拟,该书系统考察了交易机制的运行对海洋经济发展的影响。最后,该书分析了浙江海域使用权交易的政策背景,运用合成控制法评估政策绩效,提出了政策优化的现实路径。该书的学术贡献是:一是构建了多层次、多主体的海域使用权交易机制运行框架,包括政府机制主导下的解决初始海域使用权从中央政府到地方政府再到用海企业(个人)配置的一级交易市场、准市场机制主导下的解决地方政府间海域使用权交易的二级交易市场和市场机制主导下解决用海企业(个人)间海域使用权交易的三级交易市场;二是创新性地提出了海域产权制度安排的新思路,即地方政府间的海域使用权交易;三是基于数理模型的定量计算,揭示了海域产权制度安排对海域资源高效利用的重要性。

本丛书"实践篇"的两部专著立足浙江实际,分别选取典型的生境类型和典型的污染类型,系统探讨了海洋生态文明建设在具体领域中的实践方案。海洋生态系统种类复杂多样,因此,在推进海洋生态文明建设中,需要结合具体的海洋生境特征因地制宜地制定保护和开发方案。在诸多海洋生态系统类型中,海湾因其半封闭的自然特征和特殊的地理区位,在经济发展中容易受到环境污染且自净能力薄弱,进而造成不可逆的生态损害。因此,在海洋生态文明建设实践中,"美丽海湾建设"已成为沿海省市的重要任务。

乔观民教授编写的《美丽海湾保护与建设行动研究》聚焦于典型的生境类型——海湾,具体研究美丽湾区的生态治理、修复行动及政策设计。通过对美丽海湾认知历程、国内外海岸带管理(CZM)和海洋综合管理(ICM)经验,系统阐释了

"走向湾区治理"的理论内涵。在"三生"空间视角下,该书系统总结了浙江美丽海湾生态质量的演变过程,从宏观层面提出了由陆地统筹走向湾区治理。在此基础上,该书通过总结浙江湾区生态整治、修复行动的经验,系统梳理政策层面、行动层面和公民层面的行动范围和行动逻辑。开展浙江美丽海湾的生态环境风险识别,评估湾区陆海生态风险,揭示时空发展特征和分类治理。最后,科学构建了浙江美丽政策设计、行动社区框架,提出了浙江美丽海湾建设的行动方向和路径。该书的学术贡献在于:一是通过系统梳理美丽海湾建设的认知历程,梳理了由海陆分治、陆海统筹治理走向美丽海湾建设发展脉络;二是基于尺度政治理论,剖析了湾区治理的内在行动逻辑;三是通过网络行动者和社会—生态系统治理理论,构建湾区行动治理行动框架,营造"水清、岸绿、滩净、湾美、岛丽"的实践路径,实现海洋生态文明的建设目标。

港口船舶污染是海洋生态损害中的典型类型。浙江沿海港口众多,港口经济优势明显。然而,长期以来浙江面临着较高的港口船舶污染风险。因此,研究港口船舶污染海洋环境污染风险及应急问题,对于完善海上污染海洋环境事故应急体系理论,提高应急物资的管理和使用效率,提升事故应急处理能力,保护海洋生态环境具有重要意义。为此,刘桂云教授主编的《港口船舶污染事故风险评价及应急研究》聚焦于典型的污染类型——港口船舶污染事故,针对船舶污染海洋环境事故的特征,研究船舶污染海洋环境事故的风险识别和分级评价方法、应急能力的评价、区域应急联动机制及应急物资调度等问题。该书首先分析了港口船舶污染海洋环境事故的类别、特征及事故后果,探究了港口船舶污染海洋环境事故的风险,包括风险识别、风险源项分析及风险管理流程。然后,基于港口船舶污染海洋环境事故风险评价,建立船舶污染海洋环境事故风险的评价方法,构建评价指标体系及分级评价模型,基于改进复杂网络的风险耦合 N-K 模型研究了风险耦合问题。在对港口船舶污染事故应急能力内涵分析基础上,建立了评价指标体系及静态综合评价、动态综合评价模型,进一步研究了港口船舶污染海洋环境事故应急能力的内涵,分析了应急联动体系的组成要素、结构及运行机理,并对船舶污染海洋环境事故应急联动体系的激励约束和区域应急联防成本分担机制进行了深入研究。最后,该书提出了针对需求信息变化的多陆上储备库、多港口储备库、多受灾点、多救援船舶的应急物资多阶段调度方法,研究了船舶污染事故应急物资陆路预调度系统,分别构建了靠近生态保护区时和远离生态保护区时的应急物资初始调度模型和实时调整调度模型。该书的学术贡献是:在分析港口船舶污染海洋环境事故的类别、特征和事故后果基础上,研究了港口船舶污染海洋环境事故风险评价方法,建立了评价指标体系及分级评价模型,并进一步研究了港口船舶污染海洋环境事故应急能力评价方法、应急联动体系建设方案及应急物资调度模型等。

　　综上,本丛书聚焦于海洋生态文明建设主题,立足浙江实践,提炼浙江经验,总结浙江模式,基于理念、模式和实践三大维度对海洋生态文明建设的机制、路径和政策开展了系统梳理和研究,内容涵盖了陆海统筹治理机制安排、海域使用权交易模式创新、美丽海湾保护建设和港口船舶污染应急管控等多个前沿问题。我坚信,本丛书的出版将为浙江乃至全国沿海地区推动海洋生态文明建设提供有益的借鉴,并为相关政策制定和宏观决策提供科学依据。

2023 年 5 月

Preface 前言

海洋覆盖了地球近3/4的面积，是地球生命的摇篮，也是贸易运输的重要渠道，它对地球的生存至关重要。当前海洋环境持续恶化，海平面上升、海洋污染等海洋环境问题引起国际社会的普遍关注。随着陆地资源的日益减少，人类对海洋资源日益依赖，一场以开发海洋为标志的"蓝色革命"正在全球范围内兴起。同时，如何保护海洋、实现海洋的可持续发展，已经成为世界各国共同面临的重要问题。《联合国2030年可持续发展议程》提出了17项可持续发展目标，其中"目标14"指出，要"保护和可持续利用海洋和海洋资源以促进可持续发展"，并提出促进国际合作，减少海洋污染并建立海洋生态保护系统，实现海洋生物可持续增长等具体目标。国际社会行动主体携手国际合作解决海洋问题，维护全球海域生态安全。

我国长期以来受"重陆轻海"观念的影响，采取陆海分治的措施，将陆地和海洋作为两个独立系统，分散管理。管理体制的碎片化和统筹政策体系的缺乏使得海洋治理的成效并不显著，不利于将海洋资源进一步转化为经济优势，且易造成海洋功能衰退。2010年，《国民经济和社会发展第十二个五年规划纲要》首次提出要"坚持陆海统筹，制定和实施海洋发展战略，提高海洋开发、控制和综合管理能力"。2017年，党的十九大报告中明确指出要"坚持陆海统筹，加快建设海洋强国"。陆海统筹上升为国家战略，成为新时期海洋规划建设的重要内容。与陆海分治相比，陆海统筹理念的建立有利于转变长期以来陆域和海域发展不平衡的状态，促进区域协调发展。

2022年，党的二十大报告提出，要构建海洋命运共同体。海洋命运共同体理念是对人类命运共同体理念的发展，也是全球参与海洋治理的重要行动指南，这也为我国海洋保护与建设提供了理念指导。海湾作为陆地和海洋连接处，是近岸海域的生态敏感地带，其生态环境受到陆源污染影响较大，同时海湾也是沿海海洋经济发展的重要区域，是人们亲海的关键区域。因此，促进新时期近海海域的经济和生态发展，就要以海湾作为关键单元和行动载体。国家在"十四五"规划中提出要建设"水清滩净、鱼鸥翔集、人海和谐"的美丽海湾。我国沿海省市以陆海统筹的系统观念为原则，积极响应国家部署要求，开展美丽海湾建设，推动陆海污染防治、亲海环境整治等综合治理，不断推动陆海生态质量改善。

中国共产党浙江省委员会在 2003 年的第十一届四次全体会议上第一次提出了面向未来发展的八项举措,明确提出浙江省发展优势,要求"进一步发挥浙江省山海资源优势,大力发展海洋经济,推动欠发达地区跨越式发展,努力使海洋经济和欠发达地区的发展成为我省经济新的增长点"。20 年来,浙江省在"八八战略"的指引下,推进浙江省海洋生态建设各项举措,积极修复海湾生态环境。在此期间,浙江省美丽海湾建设取得了一定成效,海湾环境得到显著改善。2023 年是浙江省"八八战略"实施 20 周年,省委省政府提出深入实施"八八战略",向海图强,深化山海协作工程,放大海域海岛优势,加快湾区城市群发展,统筹推进生态文明建设。因此,对浙江省美丽海湾保护与建设进行行动研究有助于为后续开展山海协作、湾区发展、海域海岛建设等海洋生态文明建设提供海湾建设方面的经验总结与相关指导。

本书旨在通过对浙江省美丽海湾保护与建设的行动研究,探索评估建设成效、管理机制与建设任务,总结浙江省在美丽海湾建设方面的成果经验,以响应国家"十四五"规划所提出的美丽海湾建设部署要求,为进一步推动美丽海湾建设提供经验与实践参考。

本书第一章通过回顾农耕文明、工业文明、海洋文明下的海湾认知变化发展历程,总结人们从敬畏自然、利用自然到人与自然和谐共处的自然观变化过程,以及在此过程中总结出的经验与教训;系统梳理美国、英国、澳大利亚、日本等国的美丽海湾建设发展史,世界海湾建设的实践表明海湾建设和发展依托于人海关系协调的整合要求;结合我国过去的海湾治理、海洋牧场建设、蓝色经济建设、海洋资源保护经验,梳理在我国现实背景下海湾治理由海陆分治、陆海统筹治理走向美丽海湾建设的内在逻辑,为我国当下的美丽海湾建设提供经验和借鉴。

在新型城镇化和乡村振兴背景下,探寻多样化区域发展政策情景下的国土空间优化开发和保护模式,提升国土空间可持续利用,加强实施方面的土地利用规划决策科学性,具有重要意义。第二章通过将海湾区域的陆域和海域作为整体,将土地利用格局与"三生"空间体系相结合,在陆海相互作用典型区开展生态环境效应评价,建立涵盖陆海空间的土地利用状况、景观生态安全格局、自然环境状况、生态系统结构的评价体系,实现宏观与微观融合、功能方向与动态评价结合、兼顾陆海生态系统的一体化评估,为美丽海湾建设提供生态保护开发强度的理论参考。

为促进海湾转清转净、转秀转美,实现人海和谐,全力服务海洋强省和全省共同富裕示范区建设,2022 年 4 月,浙江省人民政府颁布《浙江省美丽海湾保护与建设行动方案》,重点突破打造美丽海湾、推进重点海湾综合治理。本书第三章从国家美丽海湾政策、省级美丽海湾保护与建设方案、市级美丽海湾保护建设具体举措三个层级剖析湾区治理的内在行动逻辑;强调美丽海湾建设过程中的社会参与,引出行动社区成为美丽海湾建设基石;基于"水清滩净、鱼鸥翔集、人海和谐"的美丽海湾具体建设目标,结合具体湾区案例、城市案例,突出浙江省湾区治理的重点领域和特色举措。

在陆域带动型的湾区陆海生态风险结构下,由于陆域空间中的人类活动,海水富营养化及赤潮、生物多样性受到威胁、滨海湿地逐步退化等生态问题逐步凸显,成为美丽海湾建设过程中亟待解决的重要生态问题。第四章通过陆域景观生态风险指数及海域生态风险分类识别,评估湾区陆海生态风险,揭示湾区生态风险的时空变化特征及转化趋势,从而为浙江省湾区生态环境风险管控分类指导提供科学依据。

为实现全社会参与,行动社区建设成为浙江省美丽海湾建设的重要内容。第五章通过行动者网络理论和社会—生态系统治理理论,从宏观政策设计到中观精细化治理,再到多元主体参与,构建多层次多维度的湾区治理体系;剖析多元行动主体,将非人行动者和人类行动者的行为活动相结合,构建湾区治理行动者网络回路;以洞头区东岙村为例,阐述在一个特定区域中美丽海湾行动者网络是如何构建并发挥其作用的;依据行动者网络中的回路作用,美丽海湾建设过程中,空间景观的商品化、区域发展的内生增长性、政府管理走向多元治理、行动者主体利益共生等现象将重塑社区发展,实现区域发展转型和美丽海湾建设目标。

第六章对浙江省美丽海湾建设进行了行动展望。依据自上而下的政策网络与自下而上的行动者网络,结合海湾自净和生物多样性现实、生态环境风险现状、人地关系耦合机理、陆海统筹发展建设,注重生物多样性保护、污染防治和亲海空间建设,阐述当前政策的可行性并提出预期,为实现"水清、岸绿、滩净、湾美、岛丽"的海洋生态文明建设目标提供指南。

本书由宁波大学东海研究院乔观民、李加林、马静武负责大纲拟定、组织研讨,并负责全书写作工作。硕士研究生周艺、钱玥参与研讨和部分撰写工作,硕士研究生杨海鸿、贺娴静进行资料核实工作。由乔观民、马静武完成全书汇总和统稿工作。在撰写过程中,书稿参考、引用了大量的国内外文献资料,但限于篇幅未能一一列出,在此谨向这些文献作者表示敬意与感谢。

本书内容相关研究得到浙江省新型重点智库东海研究院的经费支持,在调研过程中也得到相关部门的大力支持,在此表示感谢。由于作者水平和能力有限,加之撰写时间较短,书中难免存在错漏之处,恳请大家批评指正。

目录

CONTENTS

第一章　美丽海湾认识历程

"向海而兴,背海而衰",建设海洋强国是实现中华民族伟大复兴的重大战略任务。党的十九大报告将"建设美丽中国"作为社会主义现代化强国目标,并将"提供更多优质生态产品以满足人民日益增长的优美生态环境需要"纳入民生范畴,与"五位一体"总体布局对应起来,使其成为全面建设社会主义现代化国家新征程的重大战略任务。美丽海湾为美丽中国的重要组成部分,《中华人民共和国国民经济和社会发展第十四个五年规划和2035远景目标纲要》中明确提出推进美丽海湾保护与建设;《中共中央国务院关于深入打好污染防治攻坚战的意见》也明确提出建成一批具有全国示范价值的美丽河湖、美丽海湾。

习近平生态文明思想与建设美丽中国目标将"美丽"与生态文明结合,指出"美丽"的生态环境包括:提供优质生态产品物质基础和能力,人与自然和谐共生、保持改善物质基础和能力的生命共同体,以及满足人民日益增长的对优美生态环境和美好生活的需要,即生态环境的物质基础、和谐可持续的生命共同体。海湾指洋或海延伸进陆地且深度逐渐减小的水域,海湾生态环境易受人为活动特别是陆域人为活动的影响,是海洋生态环境问题集中、综合治理的区域。美丽海湾应是"环境优美、水清滩净、生态健康、鱼鸥翔集",实现人与海和谐共生,提供可持续优质生态产品,创造物质和精神财富,满足人民日益增长的优美生态环境需要和美好生活向往的海湾,是物质基础与人民群众感知的统一。

加快推进美丽海湾保护与建设,事关美丽浙江和诗画浙江建设全局,对打好近岸海域污染防治持久战、打造人海关系和谐的生态海岸带、建设海洋强省具有重大意义。应精准把握美丽海湾保护与建设行动的目标任务,坚持问题导向,突出攻坚重点,建立区域协同、部门联动的工作体系、考核体系、奖惩系统,形成完备机制,确保各项任务措施落地见效,进一步构建完善美丽廊道、美丽岸线、美丽海域建设协同推进的整体布局,推动海洋经济高质量发展,为高质量发展建设共同富裕示范区提供重要支撑。

第一节　海湾的认知

一、海湾的概念

《联合国海洋法公约》(1982 年)第十条第二款规定:"海湾是明显的水曲,其凹入程度和曲口宽度的比例,使其有被陆地环抱的水域,而不仅为海岸的弯曲。但水曲除其面积等于或大于横越曲口所划的直线作为直径的半圆形的面积外,不应视为海湾。"海湾本身作为一个自然地理的名词,是一个具有海陆双重属性的地形单元,兼受海陆双重因素影响。布莱基和布鲁克菲尔德在生态政治学研究中运用"解释链",将"尺度"缩小到社会经济组织空间类别的等级秩序。随着人类活动扩散、海洋文明兴起,海湾单元不仅是地形单元,也是社会经济单元。海湾区域既是地理空间,又是行为、社会空间,人类活动与自然条件在此交织作用,逐步形成非同陆地和海洋的特殊的海湾发展和管理形式(Rangan & Kull,2009)。

海湾拥有丰富的生物资源——岛礁、珊瑚、红树林、湿地、滩涂等。在生态系统中,沿海栖息地和湿地(珊瑚礁、红树林、盐沼和海草草甸)发挥着关键作用:过滤陆地和河流中的水(去除沉积物、营养物质和其他污染物),形成沿海食物网的基础,并为多种物种提供栖息地。湿地对于保护海岸、稳定沉积物、减少侵蚀和保持海岸线的位置也是至关重要的。湿地还可以吸收洪水、消散风暴潮,有助于保护宝贵的沿海房地产、基础设施和其他资产,大幅降低风暴造成的损害成本。这些生产力丰富的系统是极好的碳储存库,每年可捕集数万吨二氧化碳,以比陆地森林更快的速度储存碳,并可能将其封存数千年(Laubenstein et al.,2021)。浅海河口是陆地和海洋之间的界面,是一个包含水生和陆生动物的生态系统。沿海土地利用及海岸线变化会对海陆交界处生物、沿海生态系统产生影响。沿海人类生产活动、筑堤、海岸侵蚀等对沿海生态系统破坏巨大(Prosser et al.,2008)。

生态系统服务包括沿海和海洋范围,沿海地区的物理、自然、社会经济因素的交汇促使人口高度集中、空间资源竞争,导致沿海及海洋生态系统服务遭到破坏。城市环境为人类的生产生活提供丰富的环境资源,在被消耗资源的同时也拥有自我恢复的能力。在自然与社会领域相互作用下,沿海地区发展成为在各种矛盾交织下形成的一个社会生态系统。

由于海湾地理位置特殊,承接海陆,因此在人类活动的影响下,海湾区域往往发展成为重要城市,同时也是地缘政治矛盾冲突的重要爆发点。随着工业文明兴起,航海业在地理大发现后高速发展,资本主义、帝国主义持续扩张,甚至大量地缘战争兴起。海湾作为重要的海洋交通要塞,往往成为战争争夺的重要对象。1982年 12 月 10 日在第三次联合国海洋法会议最后会议上通过的《联合国海洋法公约》于 1994 年 11 月 16 日生效,获 150 多个国家批准。其主要内容包括:领海、毗连区、专属经济区、大陆架、用于国际航行的海峡、群岛国、岛屿制度、闭海或半闭海、内陆国出入海洋的权益和过境自由、国际海底以及海洋科学研究、海洋环境保护与安全、海洋技术的发展和转让等。该公约确定了海洋边界,确认了各国家和地区勘探和开发海洋和资源的权利,并规定了各国家和地区保护、保全、养护和管理的义务。此外,还有其他具有约束力的国际法,它们侧重于环境保护和防止污染(例如《国际防止船舶造成污染公约》《伦敦公约》《伦敦议定书》),野生动物和生物多样性保护(例如《濒危野生动植物种国际贸易公约》《移栖物种公约》《生物多样性公约》)和自然资源开采(例如《联合国鱼类种群协定》《区域渔业管理组织公约》),以确定、维护各国海洋权利和世界保护全球海洋生态环境。

二、农耕文明下的海湾

农耕文明是在长期的农业生产生活中所形成的一种适应农业生产生活需要的有关国家制度、文化的集合,包含着国家的治理理念、人际交往观念以及各种祭祀活动等。海洋作为自然界中一切生命的源泉,孕育着文明。人类自诞生起,就与海洋有着密切的关联。海洋为人类提供了渔业、动力资源,在人类生产生活中扮演着重要角色。

古代先人因当时的认知与技术有限、对自然的改造能力不足,故其生活所需大多直接来源于自然界,且由自然灾害和海洋生物等带来的危机威胁着人类的生产生活,产生对海洋以敬畏和崇拜为主的文化。古希腊靠近爱琴海、地中海,为古希腊人提供了优越的航海条件。曲折的海岸线塑造了许多适合发展航海事业的天然港湾,促使古希腊人利用优越的海洋条件与周边国家开展海洋贸易,发展出一种谋生的渠道。

我国的海洋文化萌生于新石器时代。《山海经》中对上古海洋博物志与民族志的记载,为海洋增添了神秘色彩。在我国农耕社会,海岸平原的文化结构仍以农业经济为主,兼有采集和渔猎,一些先人近海生活,利用海洋的食物资源,形成了早期的滨海生活方式。在漫长的滨海生活过程中,滨海的海洋族群对海洋始终秉持着敬畏的态度,在适应海洋节律的同时,有着与海洋相适应的文化意象。自尧舜时期,我国的先人就开始祭祀海神以祈求庇佑。我国古代东南沿海地区有着"送王船"的习俗,先人通过这种方式祈求海事平安、避免灾祸。这种敬畏海洋的方式代代相传,成为人类与海洋相联系的重要纽带。位于广西防城港的海岛上的少数民族京族,靠海吃海,传统捕鱼一般为浅海作业,其工具有拉网、塞网等,由于捕鱼工具需要较多投资,通常由几户到几十户共同来承担,分享集体劳动成果成为该民族主要特性。由于向海而生,其民族习俗和禁忌都与海洋有关。京族人民在长期的滨海生活中将海洋神圣化,祭祀海神。《海龙王救墨鱼》《海白鳝和长颈鹤》《公蟹和母蟹》等民间故事,反映出京族人的守海情愫和守海行为。

先人在对海洋秉持敬畏之心的同时,也对海洋充满了探索欲望。自农耕社会以来,各个时期均有针对海洋的相关政策和贸易成果。在国家各种治理政策的促进下,我国与海外各国进行着频繁的海上贸易。西周时期,有系统的海洋征收法令用以收集海洋资源。秦汉之际,环渤海湾的近海航运与辽西走廊的傍海道形成较为紧密的水陆交通网,海上丝绸之路的建设促进了我国与海外各国的交流,当时的航线可远达印度和斯里兰卡。唐宋时期,海上丝绸之路更加繁荣,指南针的发明也使航海技术更加发达。唐朝建立了从广州到波斯湾以及东非的海上航线,直至16世纪,一直是世界最长的远洋航线。宋朝曾专门设立市舶司管理海外贸易,北宋时期颁布了《广州市舶条》,这是我国历史上第一个航海贸易法规;到南宋时期,海外贸易逐渐成为国家经济的重要来源。元代的航运规模和船舶技术十分发达,与亚非多个国家建立了海上贸易关系,泉州港成为当时东方第一大海港。明清时,郑和下西洋,促进了各国的海上贸易与文化交流。

我国古代已有海洋开发和渔业技术。先秦时期有着"耕海"的传统;宋朝延续并开创了耕海的新技术;明朝时期,沿海地区出现了"海水制卤"的新技术,《天工开物》中也记载了海洋盐业、海洋渔业技术。古代沿海地区海洋农业水平的不断提升,显示了先人对海洋价值的认可和初步利用。

不可否认,先人虽然对海洋有着开发探索精神,但其对海洋的认识和开发活动受到传统观念的限制,重陆轻海的思想使得海洋文化在当时并没有上升至主导地位,先人甚至在明清后期采取禁海政策,开始退守陆地。

"人法地,地法天,天法道,道法自然"的理念体现了人类与自然的相处方式处于基本的平衡状态。人类不仅认可海洋的价值,并且认识到在海洋面前人类力量的渺小。在农耕时期以农业经济为主的社会里,人类敬畏自然,并在敬畏海洋、祭祀海神的观念下开始尝试探索并适应海洋的特点。

三、工业文明下的海湾

工业时期,人类不仅能在利用自然物质的基础上改造其属性,还能创造自然界没有的物质。工业文明将文艺复兴后的人类与自然之间的关系推向"认识和改造自然"的阶段,人类从此踏上了改造、征服自然的道路。西方对海洋的认知在此时期具有明显的时代特征。

18世纪末,第一次工业革命将人类社会带入了工业化时代。蒸汽机的出现使英国率先进入工业化时代,传统木质帆船转化为蒸汽动力的近代化船舰,船只运行速度显著提升;钢铁部门出现,船舰运用了钢铁建造,增强了其运输的经济性和稳定性,两者结合提高了英国海运业的规模。尽管英国的海运起步较早,但工业化和外贸对其提出了更高要求。在英国西海岸,利物浦和布里斯托尔等主要港口之间的贸易联系逐渐紧密,一些依靠船舶供给的小港口逐渐兴起,形成以海上贸易为主的经济区。在英国东海岸,海运同样是重要的贸易输送通道。随着贸易量的增加,英国沿海各港口码头的基础设施日益完善,灯塔、船坞、装卸设备也逐渐建立,英国的海运事业逐渐居于世界领先地位。19世纪,内燃机和电力的出现提升了工业生产效率,使轮船在航速、运载量上快速发展。通信、导航技术的快速发展也使人类航海能力进一步提升。19世纪70—80年代,美国的造船业迅速发展,除了大量用于国内,也接受国外订单,轮船出口至巴西等国。

海洋作为人类活动的场所,不仅具有经济意义,而且具有地缘政治意义。海湾是交通要道,属于兵家必争之地。19世纪末,马汉提出海权论,认为制海权和海上力量对一个国家的发展是至关重要的。他提出漫长的海岸线和众多的优良港湾有助于打破敌人封锁,形成海上霸权。

由此可见,开发海洋、征服海洋成为当时人海关系的主流思想。海洋的经济与地缘政治成为这一时期人类对海洋利用的手段,但人类对海洋认识、海洋开发和海洋经济发展带来的一系列环境问题了解不足,环境污染、资源短缺、生态破坏、生物多样性减少等问题频发且逐渐加剧。

英国为最早进入工业化的国家,因蒸汽机的发明,其经济迅速发展,然而工业化、城市化迅速发展的同时造成了严重的污染问题。英国在19世纪30年代后才注意到工业带来的公共成本。19世纪中期,英国政府实行自由主义,较少干涉公共事务,地方政府为了发展经济,忽视了环境污染问题。泰晤士河两岸的造纸厂、制革厂等工业废水的排放及城市居民生活污水的流入,使河流污浊不堪。河流的污染不仅影响了渔业,而且造成了霍乱的流行,严重影响居民的生活。

美国是较早进入工业化时代的国家之一,由于海岸线长,其社会和经济发展在相当长的一段时间内聚集在海岸带,各种军事、商业和民用海上活动也十分发达。而海岸带工业发展、海岸城市消费增长,以及各种海上活动加剧,不可避免地产生了大量的海洋垃圾。19世纪10—20年代,美国许多海水污染调查发现海水中有大量垃圾和未经处理的污水或污泥,共同污染着波士顿港、纽约湾等重要海域的水质,不仅危害到鱼类、贝类的生存,而且威胁到海上活动者的健康。19世纪下半叶,波士顿和纽约两个城市利用垃圾倾倒船对海港及附近海域进行垃圾倾倒。到20世纪末,美国整条海岸线都受到了垃圾污染的影响,且海洋垃圾成分愈加复杂。美国的海洋生态保护主要开始于20世纪70年代,其联邦政府制定了《海洋保护、研究和保护区法》。1972年,美国签署了《防止倾倒废物和其他物质污染海洋的公约》《联邦水污染控制法修正案》等,对违法排放污染物的人员处以罚款;同年设立了《海岸带管理法》实施海岸带区域管理,并通过确立统一水质标准构建一套水污染治理体系来规范水污染的治理。

大阪湾靠近日本第二大城市大阪市。日本工业革命开始,大量污染物(例如生活、农业和工业废物)排入大阪湾,伴随着第二次世界大战后的快速城市化,其污染程度在1960—1970年达到最高水平。

工业文明时期,人类对海洋的认知更多停留在利用阶段,此时海洋环境污染的加剧源自人们对海洋的过度利用。随着技术的进步,人类也开始通过政策和科技进行"先破坏后保护"的海洋资源开发利用。

四、海洋文明交织下对海湾的再认知

海洋和海岸是当前和未来国家和地方经济的重要资源,涉及多种产业的发展。诸如全球贸易、海洋运输、沿海和海洋旅游业、休闲渔业、商业、水产养殖渔业、建筑业、海洋石油和天然气产业、近海能源等,共同组成了丰富重要的蓝色经济。与此同时,海洋和海岸也具有丰富的社会、文化和精神价值,拥有许多具有持续文化意义的文化遗址和海景。海洋和海岸也是国家、社区身份的一部分,为社区提供了娱乐和联系的空间,构建人与自然相互联系的亲海空间。人与自然是生命共同体,人类必须尊重自然、顺应自然、保护自然。人类只有遵循自然规律才能有效避免在开发利用自然上走弯路,人类对大自然的伤害最终会伤及人类自身,这是无法抗拒的规律。"向海而兴,背海而衰",从农耕文明时代、工业文明时代,到海洋文明时代,人类从敬畏自然、利用自然,再到与自然和谐共生,对海湾的认知逐渐立体、全面、复杂,对海湾的利用从争夺海湾资源、不断提升海洋资源开发利用水平,逐步转向海洋开发、环境保护、资源维护一体的可持续发展模式。

"靠天吃天,靠山吃山,靠海吃海",人类的生存生产离不开自然,自然不仅给人类提供生存所需的食物,而且是人类赖以生存的生产环境。处在不同自然条件下的人们依据不同的区位条件形成不同的产业活动。"不涸泽而渔,不焚林而猎",我国古代人民在生活实践中对人与自然和谐共处之道进行凝练,提倡尊重自然、崇尚自然。20世纪50年代,为了处理社会发展过程中的各种矛盾,毛泽东在《论十大关系》中提出统筹兼顾的思想。1997年,中国共产党第十五次全国代表大会正式将可持续发展纳入国家战略。2003年,中国共产党第十七次全国代表大会报告中提出科学发展观。在经济高速发展的现代社会,人们对饮食、观光等更高质量的生活需求逐步提升,海洋产业大力发展,海湾的经济价值和美学价值逐渐凸显,海湾成为人类从事海洋经济活动及发展旅游业的重要基地,是蓝色海洋文明可持续发展的重要载体。2003 年,《国务院关于印发全国海洋经济发展规划纲要的通知》(国发〔2003〕13 号)指出,海洋产业发展要调整结构,优化布局,扩大规模,注重效益,提高科技含量,实现持续快速发展;加快形成海洋渔业、海洋交通运输业、海洋油气业、滨海旅游业、海洋船舶工业和海洋生物医药等支柱产业,带动其他海洋产业的发展。海洋经济区域开发分为海岸带及邻近海域、海岛及邻近海域、大陆架及专属经济区和国际海底区域,开发建设的时序和布局由近及远,先易后难,优先开发海岸带及邻近海域,加强海岛保护与建设,有重点地开发大陆架和专属经济区,加大国际海底区域的勘探开发力度。

随着第一个百年奋斗目标的顺利完成,中国特色社会主义进入新时代,中国特色社会主义制度、文化不断发展,是迈向全面建设社会主义现代化强国、中华民族伟大复兴的新时代,也是建设海洋强国的重要阶段。随着用海规模扩大和用海强度提高,在满足工业化、城镇化快速发展对海洋空间需求的同时,保障海洋空间安全面临着诸多问题和严峻挑战。具体表现为当前海洋空间开发方式粗放、开发程度不平衡、环境污染问题突出、生态系统受损较重、资源供给面对全面挑战。与此同时,全球环境风云变迁,全球气候变化对海洋和海岸也产生严重威胁,全球海平面上升,极端天气频繁出现,威胁着沿海基础设施建设和相关产业发展。大气和海洋热浪、平均海洋温度升高与海洋条件酸化导致自然沿海生态系统遭受重大生态破坏,海藻森林、珊瑚礁和红树林的生态系统部分崩溃(Laubenstein et al.,2021)。与此同时,地方之间的竞争和不可持续的过度开发利用行为,导致海洋资源过度开采、噪声和塑料污染加剧、外来物种入侵、物理退化和栖息地丧失,同时沿海人口飞速增长促进了沿海城市建设、沿海土地利用变化等,扩大了基础设施需求。沿海和海洋空间正受到人类活动的种种影响,对生物多样性和非生物环境的"累积效应"使海洋和海岸不断遭受破坏、退化。在我国,沿海地区经济社会快速发展,生产、生活、生态用海需求日趋多样化,对传统海洋资源供给方式提出了新的挑战。近岸海域围填海规模较大,海洋产业以资源开发和初级产品生产为主,产品附加值较低,结构低质化、布局趋同化问题突出。海洋开发活动集中在近岸海域,可利用的海岸线、滩涂空间和浅海生物资源日趋减少。近岸过度开发问题突出,而深远海开发不足。入海河流污染物排放总量大,近岸海域水质恶化趋势没有得到遏制,局部海域污染严重,主要分布在辽东湾、渤海湾、胶州湾、长江口、杭州湾、闽江口、珠江口及部分大中城市的近岸海域。受全球气候变化、不合理开发活动等影响,近岸海域生态功能有所退化,生物多样性降低,海水富营养化问题突出,赤潮等海洋生态灾害频发,一些典型海洋生态系统受损严重,部分岛屿特殊生境难以维系。自然已然为我们人类敲响警钟,需要人类赶紧行动起来,挽救自然。

人类认识到环境问题压力对经济社会可持续发展的负面影响,并意识到需要采取相应行动的紧迫性,以使我们的海洋和海岸从持续恶化转向用更可持续的方式管理海湾,创建蓝色经济,形成弹性沿海社区,保护海洋文化遗产,共同构建可持续发展的未来。2021—2030 年"联合国海洋科学促进可持续发展十年"("海洋十年")确定的关键挑战是确保维持生产性海洋生态系统、减少对海洋环境和沿海社区的威胁、实现公平和可持续的海洋经济。"海洋十年"实施计划认识到目前海洋的功能以及人类的福祉和生计受到威胁,确定海洋科学和海洋伙伴关系的转变是制定和实施解决方案的关键。"海洋十年"呼吁跨部门、政府、学科和社区的机构和人员团结起来,解决任何一个组成部分都无法单独实现的地方和区域挑战,并实现可持续发展目标。让海洋和海岸理论建设与实践应用协调并进,学科发展与海湾管理战略演进相辅相成,协调行动网络内多元行动者之间的利益关联,构建海湾空间行动者网络体系,促进"水清滩净、鱼鸥翔集、人海和谐"的美丽海湾建设。环境、经济、社会文化、当地居民多重要素共同影响海湾建设,健康的海湾环境支持更健康的沿海社区(沿海城市),沿海社区的可持续经济社会发展将支持更可持续的海湾经济的长期可持续发展,即构建可持续发展的"美丽海湾"。

中国共产党第十九次全国代表大会以来,我国坚持人与自然和谐共生。我国坚定走生产发展、生活富裕、生态良好的文明发展道路,建设美丽中国,为人民创造良好生产生活环境,为全球生态安全作出贡献。海湾具有丰富的生物资源、生态环境资源,是众多生物的栖息地。良好生态环境是最普惠的民生福祉,是全面小康最亮丽的底色。党着眼中华民族永续发展,提出"绿水青山就是金山银山"理念[①],落实节约资源和保护环境基本国策;大力推进美丽中国建设,使辽阔大地山川更加秀美,人民生活的家园天更蓝、地更绿、水更清,地球家园增添了更多"中国绿";以法治理念、法治方式推动生态文明建设,制定并实施严格的生态文明制度,实施"史上最严"的环境保护法,制修订一系列法律法规,基本形成生态环境法律法规框架体系,基本实现各环境要素监管主要领域全覆盖;制定生态环境保护制度、资源高效利用制度、生态保护和修复制度、生态环境损害责任终身追究制度、环境保护目标责任制度、考核评价制度、中央生态环境保护督察制度等,建立我国最严格的制度、最刚性的约束,促进发展转型,推动习惯养成,提升生态环境保护治理效能。在水环境治理方面,全面落实河湖长制、湾滩长制,实施海洋主体功能区建设、蓝色海湾建设、海洋牧场建设、美丽海湾建设、五水共治项目等重要国家性项目,推动生态文明、海洋生态文明建设,实现山水"长治"。我国人民不仅是绿色发展的受益者,也是生态文明的建设者,应不断扩大生态文明建设的群众基础,进一步完善环境保护公众参与制度,持续加大环境信息公开力度,更加完善公众参与环境决策和监督、

---

① 出自《习近平谈新时代坚持和发展中国特色社会主义基本方略》.新华网

投诉和举报环境违法行为的机制,不断增强民众环保意识,形成全民参与生态环境保护的新局面。

当前,污染防治攻坚战取得显著成效,生态系统质量和稳定性不断提升,绿色发展方式和生活方式逐步形成。我们应坚持系统观念,坚持节约优先、保护优先、自然恢复为主,统筹山水林田湖草沙一体化保护和系统治理,增强生态系统整体性,完善自然保护地、生态保护红线监管制度,筑牢国家生态安全屏障,促进生态环境持续改善,让中华民族在绿水青山中永续发展。"绿水青山就是金山银山"理念日益深入人心,生态优先、绿色低碳逐渐成为人们普遍遵循的发展路径,节约资源和保护环境的空间格局、产业结构、生产方式、生活方式加快形成。经济结构和能源结构持续调整,国土空间开发格局不断优化,环保、清洁能源、清洁生产等绿色产业蓬勃发展,清洁低碳转型步伐加快,经济社会发展和生态环境保护协同共进。

悠久的农耕文明使我国一直"重陆轻海"。20 世纪 80 年代,人文地理学家吴传钧院士在中国地理学会上提出地理研究要面向海洋、要将人地关系研究延伸到人海关系研究。20 世纪末,海洋利用与保护开始受到关注,海陆一体化发展原则被提出。2003 年,《国务院关于印发全国海洋经济发展规划纲要的通知》(国发〔2003〕13 号)要求坚持经济发展与资源、环境保护并举,保障海洋经济的可持续发展。加强海洋生态环境保护与建设,海洋经济发展规模和速度要与资源和环境承载能力相适应,走产业现代化与生态环境相协调的可持续发展之路。2004 年,我国海洋经济学家张海峰在北京大学"郑和下西洋 600 周年"报告会上首次提出海陆统筹的理念。2007 年,中央经济工作会议上将海洋发展提升到国家战略。2015 年,党的十八届五中全会首次提出"蓝色海湾整治行动"。2020 年,在全国海洋生态环境保护"十四五"规划编制工作推进视频会上,国务院生态环境部明确提出要突出抓好"美丽海湾"建设,要求"问题导向、目标导向、结果导向"。2021 年,国务院生态环境部提出力争到"十六五"末期近岸重点海湾基本建成"水清滩净、鱼鸥翔集、人海和谐"的美丽海湾,描绘美丽海湾建设完整蓝图。

开展美丽海湾保护建设,对推动海洋生态环境质量持续改善、全方位支撑沿海重大区域协调发展、深入推进生态文明建设有着重要的示范、引领作用。国家生态环境、自然资源等部门贯彻落实生态文明的总体要求,通过采取有效措施,系统治理重点地区海湾生态环境突出问题。目前,我国海洋生态环境质量改善,海湾生态服务功能有效提升,并形成了一批海湾建设的优秀案例,为海湾生态建设的持续推进奠定了基础。

第二节 国外美丽海湾建设与管理的经验借鉴

世界海湾建设的实践表明,海湾建设和发展依托于人海关系协调的整合要求,是海岸带建设、海洋牧场建设、功能区建设、蓝色经济统筹发展的过程。其中,海湾建设是海岸带建设的组成部分,海岸带综合管理手段推动陆海统筹发展,海岸空间管理推动海洋主体功能区等区域空间建设,海洋牧场建设和蓝色经济发展也为美丽海湾建设提供现实支撑。

一、海岸带管理与综合海岸管理

海岸带地处海陆交界,兼备自然与人文资源。综合海岸管理作为陆海统筹发展的重要手段之一,在国际上有大量实践经验,相关科研成果以英国、美国、澳大利亚为主。

海岸带管理(CZM)最初侧重于土地利用和法律,而后逐渐从"海岸带管理"演化为"综合海岸管理(ICM)",综合海岸管理侧重于系统观念、跨界管理策略以及对海洋和陆地环境的考虑,形成一门综合性学科。在西方联邦体系下,联邦政府、州政府、地方政府在海湾区域管理中具有不同的角色定位和不同的责任,其中,联邦政府在环境方面的权力有限。英国和澳大利亚是海岸管理出版物数量最多的国家。美国和英国拥有完全不同的治理结构和立法机制,并且随着时间的推移,这些治理结构和立法机制会影响其海岸管理政策、立法,以及实践的性质、变化或改革模式。

随着沿海海洋资源利用开发的不断深入,海洋空间利用冲突加剧,海洋环境压力上升,实施海域综合管理,特别是海陆一体、陆海统筹的海岸带综合管理逐渐成为沿海各国海洋管理的趋势。近年来,区域海洋管理和可持续发展政策的核心内容主要包含由不同层次、级别的政府机构、组织、部门管理海洋海岸法律法规体系,形成现有的区域海洋管理体制,并采用综合管制和多样化管理的海洋生态系统管理模式和预防性方法。

(一)美国的海湾管理

美国联邦政府由国会、总统、联邦法院三大机构组成,依据三权分立与联邦制两大政治思想,将立法、司法、行政三种权力分别独立,互相制衡,以免政府滥用权力。美国政府具有联邦治理结构,政府有联邦政府、州政府之分,其中州政府在海岸管理方面发挥着重要作用。美国没有一个全国性机构统一管理土地的开发、利用和整治,但是有跨州、市组成的区域规划委员会,主要发挥规划协调、顾问、参议的作用。全国性的公共工程由联邦政府通过有关部门编制。美国各州设有区域规划委员会,以进行交通、水源供应、污水处理等规划。美国海岸带管理规划是一种典型的联邦政府和州政府合作参与模式,其通过国家海岸带管理计划进行,该计划由美国国家海洋与大气管理局、海洋和海岸资源管理办公室负责组织实施,美国沿海、沿湖各州自愿参与。联邦政府主要通过技术和资金支持影响州和地方政府的海岸带管理规划,并通过联邦法律对海岸带某些方面的问题进行直接的联邦管理。同时,美国通过多种措施促进联邦政府、州政府和地方政府之间的合作,并鼓励各州根据国家海岸带管理的目标提出自己的管理范围、侧重点、结构和权限,在此基础上制订本地区专项的海岸带管理规划,积极参与和合作管理国家的海岸带资源(陈玉荣,2018)。20 世纪 60 年代,由于对疏浚、开发、破坏栖息地的关注,美国公众呼吁对沿海土地使用进行更多的国家控制。

1972 年,美国联邦政府颁布《美国海岸带管理法》,用于应对沿海地区人口持续增长的挑战和对沿海资源的不利影响,确立了美国海岸带管理和有益利用的国家政策和计划。该法案涉及所有自愿参与的州的海岸地区,按照联邦指导方针,各州轮流采取行动规划和管理沿海活动。美国国会提出"为当代和后代保存、保护、开发,并在可能的情况下,恢复或增强全国海岸带资源"。美国国家海洋和大气管理局海岸管理办公室成为鼓励沿海国家制订和实施海岸带管理计划的行政机构,该办公室还管理国家河口研究保护区系统。

联邦政府批准各州计划,包括地方执行、州级层面直接对陆地及水域利用的管理,以及各州对计划或法规的审查。各州在海岸管理中所采取的行动,以及联邦政府建造滨海公园、海上石油开发区等项目等所采取的行动,均为讨论海洋空间规划和管理提供背景依据。该计划在联邦财政激励和援助,以及联邦政府的行动与批准的州计划保持一致的承诺共同作用下,整体运作良好。在实际落实工作中,由于美国在联邦制下形成的联邦、州、地方三级垂直维度政府结构,且横向多个联邦行政部门实体共同管理沿海活动,涉及行政、司法、立法等单位,以及行政单位内部的多机构。因此,在州一级制订并落实一项综合规划极其困难,发生在政府之外的个人、私人部门的行动需要被加以规范,多元利益团体和机构之间的协调管理异常艰难。《美国海岸带管理法》也受到了许多来自内部法律的挑战和政治压力,仅依靠各州与联邦和地方政府合作,各地方自愿制订自己的海岸带管理计划,几乎导致了20 世纪 80 年代项目的破产。

《美国海岸带管理法》协调连接美国政府的水平和垂直维度的政府机构,各州承担确定特别关注区域、海滩的使用权以及关注海岸线侵蚀情况等义务,同时联邦政府给予地方一定的自主权。各州对联邦法律的解释均要求联邦机构的行动符合各州的沿海规划,一些州使用法律中的特殊区域管理计划来完成某一地理区域的详细规划,并对海岸将来的用途进行详细规划。此外,各州政府与联邦政府联合创建了河口研究储备系统作为户外实验室,提供研究场所以了解自然过程和人类活动如何影响河口。1990年,《海岸带法再授权修正案》颁布,通过改革挽救并加强了立法。法案提供了额外的实质性指导,包括城市海滨地区的重建、海岸线稳定化及其他活动;同时鼓励各州保护湿地,增强使用权,设立特殊区域管理计划,为能源设施选址,以控制累积效应和次生影响。

《美国海岸带管理法》中有"海岸可以以开发目的进行管理",因此,城市、交通系统、住房开发、餐饮等都可以凭借此法案主张沿海空间的开发利用。在美国联邦政府的资金支持下,各州恢复湿地、开辟新海岸、建设公共码头等,打造海上能源系统和新的航运设施,使得沿海土地和海域的具体用途都有了更精确、可持续的发展方向。

截至2002年,美国共有34个州和地区加入了国家海岸带管理计划,实行海岸管理的海岸线和大湖区湖岸线长达9531英里①,覆盖美国99%的沿海岸线和五大湖岸线。但是由于美国并没有专门的海岸带管理机构或国家层面的海岸带战略来指导联邦政府的行动,缺乏协调联邦行为的框架,这种联邦职权的分散化经常导致部门的目标不一致。2004年,美国海洋政策委员会在《21世纪海洋蓝图》中提出采纳综合海洋政策框架和生态系统管理方法,建立新型、相互协调的国家海洋政策框架体系以改进决策。在《海洋行动计划》中,美国联邦政府明确了海洋综合管理办法,鼓励联邦政府与地方政府、相关部门之间协调合作,建立新的联邦跨部门海洋政策委员会,以更好地协调整合现有的海洋管理区网络体系与管理体制;建立多层次、灵活的、自发的地区性海洋政策委员会,应对特定的区域海洋管理的挑战。

专栏 1-1:美国墨西哥湾综合管理

墨西哥湾位于墨西哥北部和美国本土南部的交界处,海岸线曲折悠长,岸边多湿地沼泽。其连接北美洲和南美洲,海洋生物种类繁多,石油存量较大,交通十分便利,这些有利条件为背靠美国的墨西哥湾经济的快速发展创造了有利条件。

2006年,美国联邦政府和墨西哥湾相邻的五个州政府成立了墨西哥湾联盟,并签订《州长健康和弹性海岸行动计划》;2012年,美国国会通过《墨西哥湾恢复法》,意在恢复墨西哥湾生态环境并以此促进生态发展;2013年,《国家海洋

---

① 1英里=1.609344千米

政策实施计划》实施,指导墨西哥湾地区隔周实现海洋生态系统恢复与养护;2018年,海洋政策令颁布,促进经济进一步发展。此外,墨西哥和美国签订了《墨西哥海湾国家协定》,合作成立学术协会并加强学术交流,成立了海湾可持续发展商业委员会、墨西哥-美国海湾商会等合作项目。

21世纪以来,美国针对墨西哥湾养护管理构建了一系列相关政策法规体系,并为改善其海洋生态环境现状建立了综合生态系统评估体系,从评估范围、指标发展、风险评估、策略评估、监测评价等五个方面进行综合定量分析。同时,应用海洋空间规划方法实施基于生态系统的海洋综合管理,实现不同部门、政策结构和驱动因素之间的整合,并于2009年制订了墨西哥湾大型海洋生态系统计划,以实现墨西哥湾可持续管理。

(二)英国及欧盟的海湾管理

英国政体为议会制的君主立宪制。国王是国家元首,但实权在内阁。议会是最高司法和立法机构,由国王、上议院和下议院组成。英国政府没有国家海岸立法,英国环境署全面负责海岸管理的战略概述,与地方当局和其他海岸机构合作,制定一致的海岸风险管理方法(Harvey&Clarke,2019)。海岸战略和计划主要由英国县、区和地方议会管理。1986年,蓝迪海洋自然保护区(the Lundy Marine Nature Reserve)被指定为英国第一个海洋保护区;2014年,英国通过了第一个大规模海洋计划——"东岸和东岸海上规划"(the East Inshore and East Offshore Marine Plans)。除治理结构外,英国的海岸政策还受制于欧盟(EU)关于海岸的管理。20世纪90年代初,欧盟已将ICM作为改革议程,但英国却没有正式的ICM框架。

2002年,欧盟意识到海岸带综合管理的需求,采纳了实施海岸带综合管理的建议;2007年,欧盟委员会发布了《欧盟综合海洋政策》蓝皮书,正式明确了海洋资源的综合管理战略。该战略包括确保海洋空间稳定与安全的海洋监控体系建设,推动欧洲海域监控网络建立;推动海洋可持续发展决策的海洋空间规划,建立一个空间规划与海岸带综合管理经验交流平台;建立一个相互包容、多维成像的成员国海域数据信息系统,并开发一个综合的社会经济数据库。同时,欧盟委员会还发布了《欧盟综合海洋政策行动计划》,提出新的欧盟海洋事务综合管理方法,该计划覆盖海洋运输、海洋产业、海洋科学研究、海洋环境保护等可持续相关的广泛内容,有效推动欧盟综合海洋政策主要行动领域发展。

在欧盟的倡议下,欧洲各国逐步走向海岸带综合管理。2009年,英国颁布《海岸与海洋开发法》,提供了一个保护和利用海洋的战略途径,包括新的海洋规划体系,协调透明的、一致的海洋开发许可制度,灵活的海洋自然资源保护机制以及具有明确目标的海洋保护区网络。2010年,英国成立了一个非政府部门的公共机构——海洋管理组织,以适应多种新的海域管理任务,包括海洋战略规划、海洋许可证审批、渔业管理与执法、自然保护实施等。

(三)澳大利亚的海岸带管理

澳大利亚的海岸带管理规划是由其地方政府、州政府和联邦政府通过一个共同的、非等级性的联邦宪法体系共同参与制订的。由于各级政府在海岸带管理中的非等级性和合作性,联邦政府、州政府和地方政府体现为一种"球形"而非"水平"关系(陈玉荣,2018)。澳大利亚联邦政府在海岸带管理上拥有相对较少的专有宪政权力,但它可以对各州的决策施加较大的影响,州法律必须基于联邦法律进行制定。在海洋和海岸事务方面,澳大利亚没有联邦海岸管理立法,其联邦政府没有海岸立法或国家海岸政策,也不是海岸事务的领导者,海岸管理主要由八个独立的州和地区负责。依据宪法,土地使用的责任由各州政府承担,各州政府负责管理沿海资源的使用、沿海规划和开发以及沿海管理,州政府反过来将许多海岸管理职责委托给地方政府。1998年,澳大利亚《海洋政策》提出生态系统管理框架,成立国家海洋办公室,负责区域海洋规划和综合管理。

虽然21世纪在国际范围内关于海岸带管理的研究发生了从"海岸带管理"到"综合海岸带管理"的显著转变,但在澳大利亚,综合海岸带管理(ICZM)通常用于区分海岸和具有相同首字母缩写的"综合集水区管理"。21世纪,澳大利亚在海岸管理改革浪潮下,形成了一种非统一国家主导的海岸管理方法,包括气候变化、可持续发展、系统观点以及海洋和陆地环境。但由于澳大利亚缺乏国家沿海立法或沿海政策,其海岸政策的改革往往由个别州率先发起,缺乏国家一致性。

实现沿海综合管理的目标往往受到各种因素及其影响时机的阻碍,这被称为"组合锁定效应",它会阻碍综合海岸带管理。这种阻碍效应可能涉及当地社区、行业或非政府压力团体,以及澳大利亚政府的国际影响力。这些影响的时机和/或一致性通常对达成商定的沿海政策结果至关重要。由于各种原因,将气候变化和海平面上升的潜在影响纳入沿海风险和危害评估的必要性在实施过程中存在问题。

海岸带管理政策的内容及覆盖范围逐步扩大。西澳大利亚州没有专门的海岸立法,其海岸规划政策是《2005年规划和发展法案》的一部分,但该法案下的国家规划政策(SPP)对州的每项规划决策都不具有约束力。2013年,州政府对海岸可持续发展计划实施改革,对该法案进行大幅修订并扩大范围,为海岸灾害提供了更多的指导,包括风险管理和适应规划、海岸保护工程和预防原则。为了确定潜在的海岸侵蚀和淹没区域,以及面临海岸灾害风险的公共和私人资产,并协助制定减少灾害风险的适应战略,海岸可持续发展规划采用了海岸灾害风险管理和适应规划(CHRMAP)。经修订的2013SPP及其相关指南表明了澳大利亚对各种气候变化和可持续发展国际报告的政策回应。

频繁的政府更迭和政治意识形态的波动会导致海岸管理政策的振荡,出现不稳定时期。2012—2017 年,随着澳大利亚昆士兰州政府更迭,海岸改革出现了快速循环。《1995 昆士兰州海岸保护和管理法》自颁布以来昆士兰海岸管理政策没有发生重大变化,该管理法主要有三个主要工具来实现其海岸保护和管理目标:①它规定制订海岸管理计划,以制定国家海岸管理原则和政策;②它允许申报需要特殊控制的海岸管理区(CMD);③它规定使用其他立法来实现该法案的目标。2012 年,昆士兰引入了一项新的昆士兰州海岸计划,包括《1995 年昆士兰州海岸保护和管理法》规定的国家海岸政策,以及 2009 年《可持续性规划法》规定的海岸保护国家规划政策。2012 年,州政府更迭,引发了人们对该计划对沿海开发的明显限制的新担忧。因此,即将上任的州政府启动了对该计划的审查,暂停了沿海国家规划政策,并以沿海监管条款草案取而代之。2013 年发布的昆士兰州海岸灾害技术指南中急于修改对气候变化的引用。2014 年,州政府发布了其改革后的海岸计划,该计划不再是法定文件,而是类似于海岸管理指南手册。2015 年,一个新的州政府开始恢复与气候相关的沿海适应机制,并制定了国家气候变化抵御与适应战略,该战略以多种方式进行了改革。同年,澳大利亚成立了国家期货变化适应研究机构。2016 年,昆士兰州政府推出了一项气候变化战略,并修订了《州规划法》,使该法案对地方政府更具灵活性,并恢复了《1995 年昆士兰州海岸保护和管理法》中的关键要素。州政府于 2016 年启动了一项耗资 1200 万澳元的计划,为地方政府制定地方灾害战略提供财政援助。因此,由于州政府的变化,昆士兰州的沿海改革经历了一个拉锯式的实施阶段,1995 年沿海立法中其他的关键文书在规划变更过程中已被其他立法变更所涵盖。

海岸立法、政策、指导文件的改革,往往引入专家网络,由专家小组参与协助指导,并受到公众监督和政治审查。新南威尔士州为了在海岸管理和规划立法之间提供协调,在《新南威尔士州海岸管理法案 2016》颁布之前需要一些其他关键的海岸管理文书。赠款计划(海岸和河口拨款计划)是海岸改革的一个关键工具,旨在提供援助,特别是向地方政府提供援助,以制订海岸管理计划(CMP)。赠款计划在协助编制这些综合管理计划方面很重要。改革的另一个重要内容是成立新南威尔士州海岸委员会,该委员会为规划部长提供建议,并且在监测和审计 CMP 方面发挥作用。

(四)加拿大的海岸带管理

加拿大海岸带管理规划与美国和澳大利亚的相同之处在于,其海岸带管理的法定责任也是由联邦政府和省政府共同承担的。同时,针对海岸带发展和特殊资源管理压力的增大,联邦政府制订了一个国家海岸带计划。1978 年的加拿大环境资源部会议上通过了十项海岸带管理原则,将这个计划发展到极致。为协调联邦政府在海滨规划及海滨相关问题上的政策和行为以及促进联邦和省之间的合作,加拿大设立了联邦海滨计划和部门间的海滨工作小组(陈玉荣,2018)。加拿大联邦政府先后通过了《海洋法》《海洋战略》《国家海洋保育区》等法律文件,将区域海洋综合管理方法制度化。生态系统管理原则是《海洋法》中明确提出的海洋综合管理原则,是维护海洋生物多样性和海域生产力的重要手段。由于生态系统不遵循政治、行政边界,因此跨区域的合作规划与系统管理理念及其重要,联邦政府和地方政府海洋管理之间应协调合作,实现海洋生态系统与人类利用目标的协调平衡,避免海洋开发和环境保护之间的矛盾。

(五)发展中国家加强海洋管理

近年来,随着世界海洋开发热潮,越来越多的国家开始实践新的海洋开发综合立法。在一些发展中国家,政府也具有宪法赋予的管理海岸的权力。印度和南非在其宪法中都赋予国家政府有关海岸管理的权力。印度的《1986 年环境保护法》(EPA)是产生附属立法的关键法律,其对印度各州和其他利益相关者的活动产生影响(Gill&Shinde,2019);1986 年,印度环境保护局下发关于警戒线、红线和红树林保护等事项的具体通知。2008 年南非颁布第 24 号《综合海岸管理法》(NEMICMA),对国家的环境管理提出具体指示,建立河口和海岸管理系统,以促进海岸环境的保护,维护海岸景观和海景的自然属性,并确保自然资源的使用在生态上可持续。

二、海洋牧场建设

纵观国际海洋牧场的建设历程,整体上经过了探索期、雏形期、幼年期、快速发展期四个时期。由于不同国家和地区的生态环境特征、经济发展状况、科技发展水平和生活文化传统等方面存在差异,因此不同国家出现了各具特色的海洋牧场建设模式。例如:调动公民积极参与并以休闲渔业为特色的美国模式;依靠技术支持并注重自然生态环境修复与生物资源养护的日本模式;注重政府宏观指导下苗种繁育和资源生物增殖的韩国模式;加强渔业资源管理并注重人工鱼礁建设和资源生物增殖放流的中国模式等。

增殖放流是海洋生物资源修复采用最为广泛的措施。1842 年,法国最早开展鳟鱼人工增殖放流。1860—1880 年,美国、加拿大、俄国和日本等国家实施大规模鲑科鱼类增殖。20 世纪 80—90 年代,全球范围内约有 64 个国家和地区对超过 180 种海洋物种开展了增殖放流活动,其中包括美国 22 种、日本 72 种、韩国 14 种和中国 14 种等。

专栏 1-2：海洋牧场建设历程

美国于 1968 年制订了"海洋牧场建设计划"，于 1974 年在加利福尼亚建立了海洋牧场，并将海洋牧场建设、观光与游钓等休闲娱乐产业结合起来发展休闲渔业，取得了良好的生态和经济效益。1935 年，全球首座人工鱼礁在新泽西州梅角海域建成。此后，人工鱼礁的建设海域进一步拓展到美国西部和墨西哥湾。截至 2000 年，美国建造的人工鱼礁超过 2400 处。调查结果显示，美国人工鱼礁建造成效显著，建礁后海区的渔业资源增加到原来的 43 倍，每年可增加约 500 万吨渔业产量。

日本在 1971 年举行的海洋开发审议会上提出海洋牧场的定义；在 1980 年召开的农林水产技术会议上论证《海洋牧场计划》，将其阐述为"栽培渔业高度发展阶段的形态"；在 1987 年完成《海洋牧场计划》的制订。此外，日本还在 1952 年提出利用水生生物偏好聚集在沉船和礁石附近的习性，投放混凝土块建设人工鱼礁，以提高渔业资源水平和采捕效率。在开发和建设海洋牧场的过程中，日本非常重视人工鱼礁对鱼类等生物的聚集效果，通过水槽模型试验等方法系统地研究了人工鱼礁的水动力学特征，总结了不同人工鱼礁礁体模型的流体力学特性；注重环境承载力的评估及经济效益与生物资源养护的平衡，将人工鱼礁建设、关键物种增殖放流、生物行为控制与驯化等技术融入渔业管理体系。

韩国从 1998 年开始实施海洋牧场计划，并在 2002 年颁布的《韩国养殖渔业育成法》中将海洋牧场定义为"在一定的海域综合设置水产资源养护的设施，人工繁育和采捕水产资源的场所"。1971 年，韩国开始建设育苗场，先后建设了 19 个地区级和国家级育苗场；同年，在江原道襄阳水域投放混凝土四方形人工鱼礁，此后每年都会在沿岸水域设置 5 万个以上多种类型的人工鱼礁。自 1998 年起，韩国在南部的庆尚南道南岸建造海洋牧场，落实"海洋牧场计划"。

三、蓝色经济和蓝色经济区建设

海洋空间规划是海洋综合管理的重要工具，源于陆地空间规划，主要建立在生态系统管理原则的基础上。2006 年，联合国教科文组织专门组织了对世界海洋空间管理方法的研讨，广义上的海洋空间管理就是对三维海域空间进行分析，并针对特定的活动进行空间配置，以实现通过政治途径来完成生态、经济、社会目标。海洋空间管理建立在海域空间基础上，具有综合性、适应性、参与性等特点，可用于解决多用途利用和生态系统之间的冲突。欧盟、美国、加拿大、澳大利亚等海洋强国和组织都已开展了海洋空间管理以推动海洋综合管理的实施。沿海各国出台的海洋开发政策中,除了海洋捕捞、港口航运、船舶修造、海上休闲等传统海洋产业外,海洋生物医药、海洋新能源、海洋旅游、海水养殖、海洋装备制造等新兴海洋产业及其配套产业培育也是海洋资源可持续利用政策的核心内容。

蓝色经济是开发、利用和保护海洋以及与海洋相关的产业经济活动的总和,是一种可持续理念下海洋经济发展的新思维方式。蓝色经济是海洋空间管理的一个重要主题,它既是实现海洋空间管理的重要目标,也是实施海洋空间规划的重要途径。蓝色经济区是以海洋经济为显著特征、借助陆海统筹的基本途径,其以现代海洋产业为主导,经济、社会、生态协调发展的现代经济功能区。蓝色经济区的主体功能是经济区特色化发展和体现区域核心竞争力的基础要件。美国旧金山湾区是一个综合性的蓝色经济区,它集经济发展、金融服务和文化、都市功能于一体,构成美国第五大经济圈,同时蓝色经济区也是世界最具竞争力的经济区之一。区域内不同中心城市又有其独特的功能定位。例如,旧金山是湾的文化和金融中心,奥克兰是主要的生产配送中心和铁路枢纽,南湾区则依托硅谷的高技术产业和创新研发环境逐渐发展成了高技术企业的集散地。这些城市基于不同的发展功能共同发展,成为旧金山湾区经济发展的主要支柱。

西方的蓝色经济区建设总体坚持规划先行的发展原则,依据蓝色经济区的历史发展特征、资源禀赋、竞争优势、发展潜力等多因素共同决定区域中心城市的发展定位,并促进经济区域发展优势功能、增进辐射带动效应。蓝色经济区海洋产业发展依赖于区域内海洋产业发展模式、政策支撑和政策保障体系。

韩国“西海岸开发计划”是蓝色经济区规划中较为典型的案例。该地区包括大田、仁川、光州三个直辖市和京畿道、忠清南道、全罗北道、全罗南道四个道,总面积约3万平方千米,占据韩国土地面积的29.4%。西海岸地区作为重要的农业区,在工业化进程中经济发展缓慢,产业结构不合理,收入偏低,导致人口流失严重,由此引发一系列政治、经济、社会问题。1987年,卢泰愚在竞选总统时提出西海岸开发计划,是六大经济战略计划的重要组成部分;竞选成功后,1988年卢泰愚组建“西海岸开发推进委员会”,同年10月公布西海岸开发计划,一年后确定了西海岸开发项目(共计126个项目),形成西海岸开发建设的里程碑。西海岸开发计划作为一个巨大的系统工程,包括部分海洋产业、临海产业、交通、通信基础设施建设等,是综合性海岸带开发系统工程。韩国总统任命西海岸开发委员会全面负责整体工程,包括总体规划的实施方案和各个项目的时序、规模、建设周期、基金分配。在资金来源方面,韩国政府发行债券、建立基金、吸收外资和私人资本等,积极鼓励公共和私人部门合作发展港口、空港、工业基地和旅游业。韩国基于西海岸开发计划这次机遇,实现了本国产业结构调整和出口产品升级,将东南部和汉城(现首尔)的重化工产品逐步转移到西海岸地区,同时加快海洋工程、生物工程、新材料等高新技术产业发展,促使产业结构转型升级,增大出口产品附加值。西海岸开发计划不仅缓解了韩国东西部经济发展不平衡的矛盾,而且承接了东南部转移的劳动密集型、资本密集型产业,促进国家产业结构升级。

专栏 1-3:美国蓝色经济区建设案例

美国得克萨斯州是一个典型的海港区,区域内汇聚加尔维斯顿、休斯敦、萨宾港、亚瑟港等主要港口。该地区的商业和制造业发展主要是由港口产业推动的,港口和相关产业发展构成了该区域经济增长的核心支柱和经济区内居民生活的基础性保障。得克萨斯州海港区的功能定位是在长期的历史发展中自发形成的。在得克萨斯州,每个港口都有其独特的文化,它们基于本地地理特征和区域优势经济资源形成了特色化的发展路径。

海洋科研部门在蓝色经济区发展中往往发挥着孵化器的作用,海洋科学规划成为蓝色经济区规划框架的一个重要组成部分。基于对一体化方法在区域层面海洋和海岸生态系统重要性的认识,以及对美国海洋政策委员会关于海洋科学研究区域协调政策的落实,2009 年美国缅因湾海洋经济区区域海洋科学委员会制订了《缅因湾战略性区域海洋科学规划》。该规划在坚持鉴别缅因湾生态系统的区域问题、问题对利益相关者的重要性、决策制定者和管理者的信息和技术需求的满足、支持以生态为基础的管理、鼓励合作协调和结果的可衡量性六项原则的基础上,确定了缅因湾海洋科学研究优先资助的五个主要领域,该五个领域分别是气候变化和海洋的作用、人类健康与海洋、人类行为与海洋、海岸带的弹性、管理和治理。

区域一体化建设是蓝色经济区的重要内容之一。2008 年,越南政府通过《至2020 年越南沿海经济区发展规划》,意在通过经济带建设促进越南整体发展,特别是越南海岸沿线贫困地区发展。该规则提出建设 15 个沿海经济区,将北部的云屯经济区建设成为面向东北亚、为北部湾"两廊一带"发展服务的经济区;中部永昂经济区和云峰经济区发展为"东—西""北—南"经济走廊发展服务经济区;南部富国经济区与东盟地区相接,发展经济一体化合作。与此同时,该规划将越南沿海地区发展划分为两个阶段:2010 年前建设 14 个海洋经济区,以及在 2010 年后根据发展计划的调整对已经建设的海洋经济区进行后续投资。

菲律宾林加延湾在区域层面上,针对区域渔业资源过度捕捞、物种关键栖息地破坏导致的渔业不可持续、旅游业潜力下降等问题,采取了一体化规划思路,从渔业管理、捕鱼者多元化的谋生方式、水产养殖业发展、环境质量管理、关键栖息地修复完善、关联栖息地修复、海岸带分区、制度发展等八个方面确定了一系列的海岸带管理规划项目,通过问题间联系、项目间联系、问题与项目间对应关系将海岸带管理整合成为一个系统。

以上的蓝色经济区建设主要是在国家和地区层面上进行的。在全球化背景下,经济一体化发展,一些国家和地区出于区域海洋经济合作和涉海生产要素跨界流动的需求,规划建设若干区域的蓝色经济区。例如:中越北部湾经济带、中国与东盟的泛北部湾经济合作区、中越"两廊一带"发展规划等。2007 年,首届泛北部湾经济合作论坛提出泛北部湾经济合作区发展规划,依据地缘经济概念,将中越北部湾经济合作进一步扩展至相邻的马来西亚、新加坡、印度尼西亚、菲律宾、文莱等国。其发展目标是通过联合开发海上资源,区域内临海工业、海洋产业发展、产业间的合作和发展,以及特色化海洋港口群、产业群、城市群的培育,逐渐发展成为新的海洋经济增长带,与大湄公河次区域合作和以交通干线为依托的南宁—新加坡经济走廊对接,形成中国—东盟"一轴两翼"的区域经济合作格局。

蓝色经济区规划中,不同层级角色之间的合作和利益协调会直接影响规划的设置和具体的实施。由于蓝色经济区规划中不同群体的关注点和利益诉求不同,因此规划的制订和执行还需兼顾不同利益相关者的利益。同时,不同利益相关者参与蓝色经济区的发展规划,为其提供决策参考,也具有分散规划制订者风险的作用。在挪威,参与海岸带规划的利益相关者包括私人利益相关者、公共部门利益相关者和地方利益集团,覆盖渔民、渔场主、土地所有者、县长、县渔业局、周边市区、环境机构等多种群体和机构,各种利益相关者以多种正规(包括工作小组、对听证会的阶段性反应、行使否决权)和非正规形式(包括积极参与公共会议、媒体、与规划当局直接交流)参与海岸带规划过程,从而为规划制订者与各方利益团体在海岸带发展问题上通过多种形式合作协调提供了平台。

在蓝色经济和蓝色经济区发展过程中,海洋生态系统与经济系统相协调的思想在多数经济区和产业集聚发展中体现得较为明显。许多蓝色经济区的发展框架中均将生态保护作为发展战略的一个重要组成部分,注重在推进经济区经济发展的同时,通过建设海洋生态项目、设立海洋保护区、进行海洋生态教育、开展海洋环境监测评估、国际海洋环境管理合作等多种政策措施,保护海洋生态资源,实现可持续发展。如美国为恢复旧金山湾区及其流域水质情况,资助示范项目来提高水质的综合效益;韩国也曾在全国实施海洋环境管理动员项目以提高其国民的海洋环保意识。

发展蓝色经济,关系到国家战略利益,也关系到加快转变经济发展模式,促进我国区域协调发展大局,是提升我国城市综合实力和核心竞争力的必要选择。发达国家海洋资源开发与保护并举,确保蓝色经济可持续发展;海洋科技研发与海洋产业转化并举,促进海洋科技产业清洁化发展;海洋政策引导与扶持并举,推动蓝色产业优化升级,这对我国的蓝色经济发展和美丽海湾建设有着重要的借鉴意义。

专栏 1-4:澳大利亚"蓝丝带"综合行动

澳大利亚作为一个沿海国家,其大多数人口居住在连接广阔的海洋产业和陆地的"蓝丝带"之内或沿线。海洋和海岸是连接陆地和淡水环境与海洋环境的连续统一体,人们将陆地和海洋视为一个相互关联的整体,而不是单独的生态系统。澳大利亚《可持续海洋海岸国家战略 2021—2030》描绘了以发展蓝色经济和建设沿海弹性社区为关键的"蓝丝带"综合行动战略,以实现建设澳大利亚可持续发展的海洋和海岸。该战略作为一项跨部门计划,旨在到 2030 年在澳大利亚实现可持续发展的海洋和海岸。这一战略为澳大利亚的联邦政府和州政府,以及其他国家领导人提供了一条创新性海洋海岸建设前进道路,并为实现可持续发展的海洋和海岸共同愿景提供路线图。

首先,应发展蓝色经济。在筹备里约联合国环境与发展大会 20 周年和地球峰会期间,许多海洋国家,特别是岛国,敦促联合国认识到海洋对全球数亿人的重要性,并将"绿色经济"愿景扩展到海洋,即"蓝色经济"。联合国会员国承诺"保护和恢复海洋和海洋生态系统的健康、生产力和恢复力,以保持其多样性,使其能够为今世后代保护和可持续利用"。蓝色经济一词代表各国家和地区可持续和公平地利用海洋资源,支持繁荣和有弹性的社区和生态系统。澳大利亚的陆地和海洋之间关系紧密。在这种背景下,蓝色经济通过寻求可持续和公平地利用沿海和海洋资源来创建一个繁荣的社会,这与澳大利亚的环境和所有不同文化背景的人民自然契合。

其次,应建立弹性海洋社区。这些社区跨越大城市和有各种需求的沿海城镇和村庄。这些社区面临着越来越多的威胁,包括沿海洪水、热应力、森林大火、飓风和其他风暴。澳大利亚需要有弹性的社区以承受、吸收、适应和恢复在这个快速变化的世界中面临的许多压力和危险的影响。在准备应对这些威胁时若不采取行动将对人类和环境造成巨大影响。转向并发展更具弹性的沿海社区,包括人类和生态社区,为未来的挑战做好准备。当生态社区繁荣、受保护和有弹性时,人类社区就会繁荣。健康的海岸生态系统可以为各种动植物提供食物和栖息地,并保护海岸基础设施免受侵蚀、风暴和洪水破坏。沿海湿地也是有效的碳汇,在数千年的时间尺度上储存蓝碳(即海洋碳汇),并提供自然气候解决方案,以解决大气中二氧化碳含量升高的问题。当海岸没有污染,健康和美丽时,人类也乐于在这些地区进行娱乐活动。人类在努力建设复原力的过程中,必须同时解决人类和生态社区的问题。

蓝色经济希望通过可持续和公平地利用沿海和海洋资源,包括粮食生产、能源生产、水产养殖、旅游业和运输,创造一个繁荣的社会。这些行业在使用"蓝丝带"的过程中充满活力并不断增长,可以通过可持续的方式来加强人类的经济活动。同时蓝色经济可用于支持繁荣沿海社区,这些社区正面临着沿海洪水、火灾和飓风等带来的日益严重的威胁。澳大利亚需要有弹性社区,能够承受、吸收、适应和恢复在快速变化的环境中面临的许多压力和危险的影响。

澳大利亚"蓝丝带"综合行动要求增强地方领导力,将居民的知识和实践应用到海洋海岸管理中;建立弹性社区,恢复、保护、可持续利用海洋和沿海生态系统,使沿海社区具有弹性;各级政府协作治理,对海洋和海岸规划采取综合的、基于生态系统的管理办法;利用大数据,使用最佳可用的数据和科学支持海洋海岸管理和规划的决策;支持基层倡议,增加社区信任,促进地方对海洋和海岸的管理;优先考虑多元价值观,将文化价值观融入海洋和沿海规划、政策和计划中。

四、海洋资源保护意识

随着人们对生态环境保护意识的不断提升,海洋环境保护和海洋资源保护的相关内容逐渐被各国的海洋和海岸政策所考虑。

美国的海洋环境保护政策主要包括海岸带环境保护和海洋资源与环境保护。海岸带环境保护方面,主要管理措施包括加强海岸带与流域管理、保全并恢复海岸带生境、预防海洋外来入侵种扩散、减少海岸带水域污染、通过新的立法和规制以减少海岸带水体的气源污染等。海洋资源与环境保护方面,主要管理措施包括推动珊瑚礁和深海珊瑚的保护并实施珊瑚礁地方行动战略,加强对海洋哺乳动物、鲨鱼与海龟的保护,改进海洋保护区管理、整合现有海洋保护区网络并制定国家海洋公园发展战略,保护国家海洋遗产、建立海洋遗产宣教体系,实施海洋综合管理,减少陆源污染、海上船舶污染等。

加拿大《海洋法》明确了加拿大联邦政府在海洋环境管理中的作用,特别提出要统筹考虑海洋环境保护与海洋开发活动以维护海洋生态系统的健康。《海洋保护区计划》和《海洋生态系统健康计划》与海洋综合管理计划一起成为加拿大《海洋法》倡导的三大海洋政策动议。《加拿大海洋战略》提出预防海洋污染和保护海洋环境两大战略导向。预防海洋污染政策与规划领域的重点任务改善现有的海洋环境保护立法与指南,对海洋污染预防标准的充分性进行了持续的回顾与评估,制定海洋污染预防政策与规划。同时,支持国家海洋环境保护行动计划的实施,特别是在已确认的污染和生境改变、破坏等重点地区。此外,制订更积极的海洋生境保护计划和国家海洋环境保护计划行动框架。在《海洋法》的指导下,加拿大建立并实施了海洋环境保护政策及实施机制,支持新的海洋风险物种保护立法、规制、政策、规划等。

海洋保护区建设,特别是海洋保护区网络体系建设,是各国海洋环境保护的核心内容之一。2005年,第一届国际海洋保护区大会(IMPACI)在澳大利亚吉隆举行。2006年,联合国教科文组织举办了第一届海洋空间规划(MSP)国际研讨会。作为一种新型海洋环境管理和海洋生态系统保育工具,海洋保护区网络建设已经得到了海洋决策者与管理者的普遍认可,在欧美等发达国家及发展中国家被普遍应用。海洋保护区作为传统的以族群生态为基础的资源管理模式和以群聚生态为基础的海洋物种管理模式的替代方案,自20世纪60年代被提出以来便被世界各国广泛作为海洋资源保护和管理的主要方案。各国纷纷设立各种海洋保护区,保护区的形式包括海洋公园、海洋保留区、珊瑚礁生态系保留区、自然保留区等。

美国实施珊瑚礁地方行动战略,设立了西北夏威夷群岛珊瑚礁生态系统保留区,推动对珊瑚礁与深海珊瑚的保护。建立新的国际伙伴关系,重新建立跨机构的海洋碎屑协调委员会,制定珊瑚礁的"生物标准",加强对深海珊瑚的研究、调查与保护;改进海洋管理区管理。美国制定了国家海洋公园发展战略,协调并更好地整合了现有的海洋管理区网络。此外,美国还依据《国家海洋禁捕区法》《国家公园法》《海岸带管理法》《渔业保全与管理法》《野生动物保护法》等相关法律法规,形成了包括滨海国家公园、国家海滨公园、国家海洋禁捕区、国家河口研究保护区、国家野生动物安全区等海洋保护区体系。同时,美国加强了地方立法,例如加利福尼亚州的《海洋生物保护法》、马萨诸塞州的《海洋禁捕区法》等,建立具有地方特色海洋保护区体系,加强海洋生态系统保护力度。截至2008年,英国建立了65个海洋特别保育区和78个海洋特别保护区;截至2012年,英国近海的海洋保护区数量增加到30个,增加了对欧洲保护区网络计划的贡献。同时英国提议建立一种新型的、目的在于保全或恢复海洋生态系统功能及特定历史文化遗产的海洋保护区。英国提出了一种目的在于保全或恢复海洋生态系统功能及其特定的历史文化遗产的海洋保护区——海洋保全区建设,用作现有海洋保护区建设的补充,推动全欧洲海洋保护区网络建设计划。澳大利亚是世界上最早提出国家海洋保护区代表系统的国家,其在1991年出台了《海洋拯救计划2000》,目的是通过国家海洋保护区代表系统建设计划开始建立并管理一个综合的、充分的、有代表性的海洋保护区系统,全面推动长期的海洋与河口系统生态稳定性,保全澳大利亚海洋生物的多样性。澳大利亚国家海洋保护区代表系统是一个联邦、州、自治区保护区相结合的系统,是澳大利亚海洋政策的重要组成部分,包括大堡礁海洋公园和许多小型地方性海洋保护区,是将海洋生态环境保护和游憩空间开发利用结合的典型案例。

为准确掌握海洋的环境变化,进行海洋环保政策的动态调整,需要定期开展海洋环境调查、监测和评估。日本主要通过全国海域自然环境保护基础调查和高等院校、研究机构设立的海洋生态监测研究站进行海洋环境调查,调查的范围涉及海岸、近岸海域的基本生态情况和生物多样性、重要海洋动物(尤其是珍稀濒危和重要经济物种)的繁殖、洄游和栖息地状况等。韩国对沿岸及近海海洋环境测定、沿岸地区赤潮发生的原因及变动调查,在近海海域渔场环境调查、水温、盐分、潮流及海流观测等海洋物理学特性观测调查、海洋废弃物排放海域定期环境调查的基础上,通过建设海洋环境综合监测网对海洋生态进行监测,该监测网通过港湾环境监测网、沿近海环境测定网、环境管理海域环境监测网等子环境监测网运行管理,监测对象涉及沿岸、海水、海洋生物、海地沉积物等。此外韩国还提出创建清洁与安全的海洋环境,扩大海洋污染源治理基础设施建设,明确管理海域并实施海洋环境的改善方案,建立海洋废弃物收集与处理系统,按照环境容量规划将废弃物排放海域。制定海洋环境标准及建立综合监测体系,建立科学的海洋环境影响评价体制,强化对有害化学物质的控制及系统管理。通过地区合作,努力实现海洋水质的立体管理,保护海洋生物多样性,恢复海洋生态系统。建立可持续的滩涂保护和利用体制,开发赤潮警报及防治系统。系统分析及应对气候变化对海洋的影响,通过黄海大海洋生态系研究计划推进海洋生态系统保护。建立并实施国家海洋事故应急计划,开发油类污染的防除能力及相关技术。建立海洋安全事故有效管理体制,加强港口管制及强化船舶安全,建立海上交通安全综合网,提高船舶人员的安全管理能力,改进海洋污染影响评价及补偿制度。

在海洋环境评估方面,美国环保署及国家海洋和大气局、美国鱼类和野生动物部、美国地质调查局、地方性组织等合作机构制定的第二套海岸环境评估方案,从水质指数、沉积物质量指数、底栖指数、海岸生境指数和鱼体组织污染物指数五个方面形成了一个海岸环境的综合评估框架,对各指标的等级标准及区域生态的分级标准进行了具体规定。日本在蓝色经济区发展中则注重通过海洋生态修复技术的发展促进海洋生态建设。日本的海洋生态修复技术包括以人工种植海藻为代表的"海底森林"培植技术、人工底栖环境培植、人工渔礁建设技术、在渔港内人工设置构造物改变水动力条件的海洋生态修复技术,以及将堤坝坝体改造成"亲水护岸"的海洋生态建设技术等。

除了设立海洋保护区、加强海洋空间监管、开展海洋环境评估外,许多沿海国家或地区还开展以民众为主体的多种正规和非正规形式的海洋生态教育,作为国民参与海洋环境管理的重要途径,其包括开展海洋生态教育基金项目、国民海洋环境管理动员项目,推动终身海洋教育工作等。海洋环保宣传的主要形式有以电视、报纸、网站为媒介的宣传活动,海洋环境教育照片展,各类海洋环保协会组织的集会及宣传活动等。为有效提高公众的海洋意识,扩展对海洋、海岸带的科学认识,欧盟委员会将海洋地图集的出版作为一种教育工具和突出海洋共同遗产的手段,来提高欧盟各国对欧盟海域的认知,并自 2008 年起,将每年的 5 月 20 日作为欧盟的海洋日。此外,欧盟还采取各种措施来推动海洋遗产组织、博物馆与水族馆之间的联系,作为提高公众海洋意识的宣教平台,通过相关网站公开欧盟所有与海洋事务相关的行动计划信息。加拿大设立了国家海洋日,以提高公众的海洋意识。英国为提高公众对海洋环境、自然过程、海洋文化遗产以及人类活动影响的认知,引导公众理解并尊重海洋环境价值,鼓励他们主动参与新的海洋政策制定。葡萄牙在学校课程中突出海洋教育的重要性,在社区中心、水族馆、海洋馆及与海有关的博物馆公开宣传海洋开发的重要意义,推动环境教育并鼓励海军与航海教育,增强对水下文化遗产的宣传。

第三节　国内美丽海湾建设管理的经验与借鉴

我国提出的美丽海湾建设的目标是"水清滩净、鱼鸥翔集、人海和谐"。要求坚持生态优先、绿色发展,坚持陆海统筹、流域海域协同发展,深化巩固"五水共治"成效,推动海洋污染防治向生态保护修复和亲海品质提升,促进海湾转清转净、转秀转美,实现人海和谐,全力服务海洋强国和全国共同富裕示范区建设。从而实现环境美、生态美、和谐美、治理美。

本节内容主要从陆海统筹发展、海洋主体功能区建设、海洋牧场建设、蓝湾生态整治修复建设、蓝色经济和蓝色经济区建设提出当前我国美丽海湾建设的成效以及经验。

一、海陆统筹发展

海湾地带兼备陆地和海洋,因此我国在国土空间规划体系中,为实现陆地和海洋规划跨界融合,提出海陆统筹发展建设。1996 年,《中国海洋 21 世纪议程》首次提出根据一体化的海陆开发战略,统筹沿海陆域和海域的国土开发规划,为海陆统筹理念的提出奠定基础(候勃等,2022)。2004 年,我国海洋经济学家张海峰首次提出海陆统筹的理念,并在海洋经济领域得到广泛认同。随后,学界对我国陆海统筹的概念、内涵、意义、战略模式、统筹机制等方面都进行了深入的研究。随着相关理论的不断丰富和完善,陆海统筹得到学界和社会的广泛认同,并逐步上升为国家战略,指导着陆地和海洋的协调发展。2010 年,"海陆统筹"被写入国家"十二五"规划,包括统筹陆海资源配置、统筹陆海经济布局、统筹陆海环境整治和灾害防治、统筹陆海开发强度与利用时序、统筹近岸开发与远海空间拓展、全面提高综合开发水平。根据不同地区和海域的自然资源禀赋、生态环境容量、产业基础和发展潜力,按照以陆促海、以海带陆、陆海统筹、人海和谐的原则,积极优化海洋经济总体布局,形成层次清晰、定位准确、特色鲜明的海洋经济空间开发格局。加大海岛及邻近海域保护力度,有序推进重要海岛开发建设,扶持边远海岛发展,加强海岛地区生态保护,促进经济社会协调发展。2017 年,党的十九大报告明确提出"实施区域协调发展战略""坚持陆海统筹,加快建设海洋强国",海陆统筹在国家经济社会发展全局中的地位和作用逐步提升。2018 年,《中共中央国务院关于建立更加有效的区域协调发展新机制的意见》(简称《意见》)着重强调推进陆海统筹,推动国家重大区域战略融合发展。《意见》的第二部分专门提出"推动陆海统筹发展",指出要加强海洋经济发展顶层设计,完善规划体系和管理机制,研究制定陆海统筹政策措施,推动建设一批海洋经济示范区。以规划为引领,促进陆海在空间布局、产业发展、基础设施建设、资源开发、环境保护等方面的全方位协同发展。编制实施海岸带保护与利用综合规划,严格围填海管控,促进海岸地区陆海一体化生态保护和整治修复。创新海域海岛资源市场化配置方式,完善资源评估、流转和收储制度。推动海岸带管理立法,完善海洋经济标准体系和指标体系,健全海洋经济统计、核算制度,提升海洋经济监测评估能力,强化部门间数据共享,建立海洋经济调查体系。推进海上务实合作,维护国家海洋权益,积极参与维护和完善国际和地区海洋秩序。2019年,我国国土空间规划工作全面开展,海陆统筹作为支撑沿海地区海陆高效协同发展的空间战略,逐渐被赋予了更多的任务和使命。

陆海统筹是我国在面临陆域资源环境危机与近岸海域环境日益恶化的现实提出来的战略思想之一,是沿海地区陆域、海域空间治理的指导思想(马仁锋等,2020)。海陆统筹强调对海陆两大子系统的产业、空间、人类、资源、环境等各类要素的统一优化与再配置(候勃等,2022),是在经济、社会、文化、生态、制度等多层面统筹发展,最大化综合效益以实现海陆协调发展和人与自然和谐共生。通过海陆统筹,可进一步优化陆地国土利用秩序,提升海洋国土战略地位,统筹规划陆地和海洋国土管控,加快海洋利用与保护进程、协调陆海关系,重视沿海地区发展,加强海洋强国建设,构建大陆文明与海洋文明相容并济的可持续发展,对国家领土范围甚至是周边与我国利益密切联系的国家或地区产生积极影响,是国家治理能力提升发展的重要组成部分。与此同时,陆海统筹的目标和本质是实现区域的协调统筹(马仁锋等,2020),促进区域发展,通过分析海陆资源环境生态系统的承载力以及区域社会经济系统的活力和潜力,综合考虑沿海地区陆海区位条件,统筹经济、生态和社会功能,利用海陆间交流联系,以海陆协调为基础,充分发挥海陆互动效应,实现沿海区域健康发展(叶向东,2008)。在山东、福建、广东、辽宁、浙江等海洋经济试点区域规划中,陆海统筹已经成为指导沿海区域发展的战略方针(郑贵斌,2013)。

专栏1-5:广东陆海统筹规划管控策略

广东陆海统筹规划管控主要采用生态保护策略,加强海岸带生态空间管控,建立海陆一体化生态管控网络,加强红树林生态系统保护修复,提升生物多样性水平;根据开发利用策略,延伸陆海产业链条,建设海洋产业生态圈;采取特色塑造策略,以滨海绿道塑造海洋魅力,建设集旅、居、业于一体的滨海都市,塑造滨海特色景观。

此外,广东借鉴国际海岸带规划"绿色健康"和"综合管理"的理念,提出保护、利用、特色"三位一体"的陆海统筹规划管控模式。保护体现的是"共生与永续",在充分了解海岸带资源状况的前提下,对海岸带资源进行整体保护,以达到人与自然的和谐共生以及永续利用;利用体现的是"效益与和谐",在对海岸带进行资源保护的前提下,研究对海岸带进行有序、高效的合理开发,以保证海岸带的可持续发展;特色体现的是"阳光与文化",将海岸带地区打造成为区域内独具特色的"阳光海岸带"和"文化海岸带"。

二、海洋主体功能区建设

海洋是我国国家战略资源的重要基地。提高海洋资源开发能力、发展海洋经济、保护海洋生态环境、维护国家海洋权益,对于实施海洋强国战略、扩大对外开放、推进生态文明建设、促进经济持续健康发展,对于实现"两个一百年"奋斗目标和中华民族伟大复兴中国梦具有十分重要的意义。海洋主体功能区是以服务国家"自上而下"的国土空间保护与利用的总体布局及政府管制为宗旨,通过确定每个行政区县管理海域在全国和省区等不同空间尺度的主体功能定位(杨潇等,2018),有利于搭建海洋国土空间规划的长远格局和总体蓝图,兼具综合性和差异性特征。制度的基本目标是通过合理、可行、多样的政策机制,约束各海湾单元、沿海地区等按照各自海洋主体功能要求规划、管理、利用和保护其责任范围内的海洋空间。海洋主体功能区制度框架如图1-1所示。

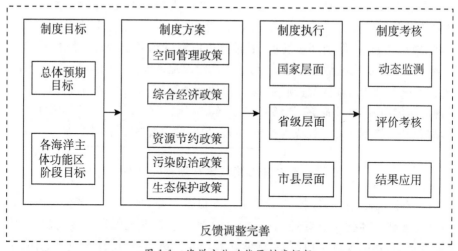

图 1-1 海洋主体功能区制度框架

2006年3月,《中华人民共和国国民经济和社会发展第十一个五年规划纲要》中首次提出要将国土空间划分为优化开发、重点开发、限制开发和禁止开发四类主体功能区。2010年12月,国务院印发了《全国主体功能区规划》,主要针对陆域国土空间制订了第一个全国性国土空间开发规划,同时将陆海统筹作为国土空间的重要开发原则。该规划标志着我国将海洋国土空间纳入国家主体功能区规划体系。此后,国家发展和改革委员会、国家海洋局等部门加快了推进海洋主体功能区规划的进程。为实现我国海洋空间利用格局清晰合理、海洋空间利用效率提高、海洋可持续发展能力提升,2015年8月,国务院印发了《全国海洋主体功能区规划》,要求坚持陆海统筹、尊重自然、优化结构、集约开发的基本原则,提出到2020年海洋主体功能区布局基本形成的总体要求,同时也标志着我国主体功能区战略和规划实现了陆域国土空间和海洋国土空间的全覆盖。在规划体系结构上,陆域和海洋主体功能区规划"分头编制、一体施行",层级上均包含国家级和省级两个层面。其中,省级海洋主体功能区规划是推动实现陆海主体功能定位统筹协调的主要手段,它在具体海域空间单元上细化落实主体功能区战略,对于构建陆海统筹的空间规划体系具有重要意义。海洋主体功能区按开发内容可分为产业与城镇建设、农渔业生产、生态环境服务三种,按区域划分可分为内水和领海主体功能区、专属经济区和大陆架及其管辖海域主体功能区。海洋主体功能区依据主体功能可分为:优化开发区域,即现有开发利用强度较高,资源环境约束较强,产业结构亟须调整和优化的海域;重点开发区域,即在沿海经济社会发展中具有重要地位,发展潜力较大,资源环境承载能力较强,可以进行高强度集中开发的海域;限制开发区域,即以提供海洋水产品为主要功能的海域,包括用于保护海洋渔业资源和海洋生态功能的海域;禁止开发区域,即对维护海洋生物多样性、保护典型海洋生态系统具有重要作用的海域,包括海洋自然保护区、领海基点所在岛屿等。

专栏1-6:我国海洋主体功能区分类

依据《全国海洋主体功能区规划》,具体区域发展方向和开发原则如下。

优化开发区域。该区域的发展方向与开发原则为:优化近岸海域空间布局,合理调整海域开发规模和时序,控制开发强度,严格实施围填海总量控制制度;推动海洋传统产业技术改造和优化升级,大力发展海洋高技术产业,积极发展现代海洋服务业,推动海洋产业结构向高端、高效、高附加值转变;推进海洋经济绿色发展,提高产业准入门槛,积极开发利用海洋可再生能源,增强海洋碳汇功能;严格控制陆源污染物排放,加强重点河口海湾污染整治和生态修复,规范入海排污口设置;有效保护自然岸线和典型海洋生态系统,提高海洋生态服务功能。

重点开发区域。该区域包括城镇建设用海区、港口和临港产业用海区、海洋工程和资源开发区。该区域的发展方向与开发原则为:实施据点式集约开发,严格控制开发活动规模和范围,形成现代海洋产业集群;实施围填海总量控制,科学选择围填海位置和方式,严格执行围填海监管;统筹规划港口、桥梁、

隧道及其配套设施等海洋工程建设,形成陆海协调、安全高效的基础设施网络;加强对重大海洋工程,特别是围填海项目的环境影响评价,对临港工业集中区和重大海洋工程施工过程实施严格的环境监控。加强海洋防灾减灾能力建设。

限制开发区域。该区域包括海洋渔业保障区、海洋特别保护区和海岛及其周边海域。该区域的发展方向与开发原则为:实施分类管理,在海洋渔业保障区,实施禁渔区、休渔期管制,加强对水产种质资源的保护,禁止开展对海洋经济生物繁殖生长有较大影响的开发活动;在海洋特别保护区,应严格限制不符合保护目标的开发活动,不得擅自改变海岸、海底地形地貌及其他自然生态环境状况;在海岛及其周边海域,禁止以建设实体坝方式连接岛礁,严格限制无居民海岛开发和改变海岛自然岸线的行为,禁止在无居民海岛弃置或者向其周边海域倾倒废水和固体废物。

禁止开发区域。该区域包括各级各类海洋自然保护区、领海基点所在岛礁等。该区域的管制原则为:对海洋自然保护区依法实行强制性保护,实施分类管理;对领海基点所在地实施严格保护,任何单位和个人不得破坏或擅自移动领海基点标志。

为保障海洋主体功能区的建设落实,应按照海洋主体功能分区实施差别化政策,因地制宜实行财税政策、投资政策、产业政策、海域政策、环境政策,完善海洋主体功能区政策支撑体系,采用指导性、支持性和约束性政策并行的方式,同时执行相应绩效评价体制,做好规划实施的监督指导工作,形成适用于海洋主体功能定位与发展方向的利益导向机制,加强部门和地区间协调,确保政策有效落实。《全国海洋主体功能区规划》作为我国系统的海洋环境治理规划依据,主要聚焦于海岸带环境治理,因地制宜分区建设海洋主体功能区,实现海岸带环境可持续发展建设。

2019年5月,《中共中央 国务院关于建立国土空间规划体系并监督实施的若干意见》正式印发,提出"将主体功能区规划、土地利用规划、城乡规划等空间规划融合为统一的国土空间规划"。在"多规合一"的国土空间规划体系构建中,国土空间的主体功能定位、开发方式定位仍将发挥重要的战略性、协调性作用,主体功能分区仍是国土空间规划的重要任务之一(唐泓淏等,2020)。

从海洋主体功能区规划视角而言,陆海统筹既是协调陆域和海洋空间布局的指导方针,又是平衡陆域和海洋开发利用与保护的开发原则,同时还是综合保护陆域和海洋生态环境的科学要求。陆海统筹强调对陆域系统和海洋系统进行整体考量,是对陆域和海洋系统的资源利用开发、产业经济发展、生态环境保护等进行统一谋划的区域政策手段(唐泓淏等,2020)。

三、海洋牧场建设

渔业因水而生、因水而兴,渔业资源是海洋资源中极其重要的组成部分。我国海域辽阔,海岛众多,海岸线绵延曲折,具有丰富的海岸线资源,拥有天然的海域生态环境条件和丰富的海洋生物资源。渔业是发展海洋经济、建设海洋生态文明的重要组成部分,也是沿海地区经济社会发展的重要一环。

随着我国经济社会高速发展,人口不断增长,为发展农业经济、满足沿海地区人民的饮食习惯和需求,海洋捕捞、海洋渔业逐步兴盛,同时,海洋渔业资源逐渐呈现供不应求的态势。与此同时,受到环境污染、各类工程建设等外部资源环境限制,加之过度捕捞、不健康的养殖方式等不文明、不可持续的渔业行为对海洋生态环境造成的破坏,我国近海渔业资源严重衰退、水域生态环境日益恶化、水域荒漠化日趋明显,严重影响我国海洋资源的保护和可持续利用。为缓和海洋资源可持续利用和海洋生态环境保护之间的矛盾,我国急需转变海洋渔业的发展方式,从而促进海洋经济可持续发展和海洋生态文明建设。为应对渔业资源衰退,加大海洋开发力度,海洋牧场应需而生。传统的海洋牧场以农牧化和工程化为驱动力,以人工鱼礁建设和增殖放流为主要建设方式,也被称为海洋牧场 1.0 阶段。采用人工鱼礁营造牧场生境方面:1979 年,我国在广西钦州沿海区域投放了 26 座试验性小型单体人工鱼礁;1984 年,全国人工鱼礁推广试验协作组成立,推动了人工鱼礁建设的健康快速发展;2006 年,国务院发布了《中国水生生物资源养护行动纲要》。自 20 世纪 50 年代起,我国开始在淡水湖泊以放养的方式增殖渔业资源;自 20 世纪 80 年代开始,我国在黄渤海和东海开展对虾的增殖放流试验;2006 年以来,《中国水生生物资源养护行动纲要》《国家重点保护经济水生动植物资源名录》《水生生物增殖放流管理规定》等政策文件相继颁布实施,沿海各省市积极开展了人工鱼礁建设和增殖放流活动。截至 2021 年,我国累计举办了超过 1.5 万次增殖放流活动,参与人次超过 300 万,放流水域遍及全国重要江河、湖泊、水库和近海海域,累计增殖各类水产苗种 3727 亿余单位(杨红生和丁德文,2022)。随着信息化发展,在创新、协调、绿色、开放、共享的新发展理念指引下,我国致力于在海洋领域践行"两山理论",以生态化和信息化为驱动力,启动建设国家级海洋牧场示范区,这标志着我国进入海洋牧场 2.0 阶段,即海洋生态牧场阶段(杨红生和丁德文,2022)。

海洋牧场是养护水生生物资源、修复水域生态环境的重要手段,也是拓展和有效配置渔业发展空间,优化海洋渔业产业布局,加快渔业转方式调结构,促进近海渔业可持续发展的有效举措,是国家生态文明建设和海洋强国建设的重要组成部分。2021 年发布的《中华人民共和国国民经济和社会发展第十四个五年规划和2035 年远景目标纲要》中特别提出"优化近海绿色养殖布局,建设海洋牧场,发展可持续远洋渔业"的宏伟目标。2021年11月,我国首个海洋牧场建设的国家标准《海洋牧场建设技术指南》正式发布。

维护国家粮食安全是社会长治久安的重要基础。水产品作为世界公认的优质动物蛋白,在人类饮食结构中占据重要地位。

维护海洋生态安全是国家生态安全战略的重要组成部分,要求保护与修复同时并进。海洋牧场主要利用工程手段,基于生物与环境相互作用的海洋生态系统原理,营造适合水生生物繁衍、栖息和生长的渔场环境,进而实现水生生物资源的自然繁殖和补充,促进海洋生态系统的改善和修复。科学投放人工鱼礁、移植和种植海草及藻类、增殖水生生物等系统措施,可有效改善海域生态环境、养护近海渔业资源、提高海洋生物多样性、维护海洋生态系统安全。与此同时,海洋牧场在产出优质水产品的同时,还具有固碳除氮的作用,有助于净化水质、降低海域的富营养化程度。

海洋牧场作为海洋渔业极具优势的领域,在促进传统海洋渔业发展的同时,还可以拓展渔业功能,将渔业增殖、生态修复、休闲娱乐、观光旅游、文化传承、科普宣传以及餐饮美食等有机结合,有效带动海洋二、三产业的发展,形成新的海洋渔业经济增长点,为海洋经济整体健康、可持续发展以及海洋强国建设做出新的贡献。中共中央总书记习近平在中共中央政治局第八次集体学习时进一步强调,要关心海洋、认识海洋、经略海洋[1]。要推动建设海洋强国,构建"五位一体"总体布局。随着海洋经济的发展以及其他海洋新型产业的快速上升,我国海洋渔业占海洋生产总值的比重相对偏低,对海洋经济的贡献度呈现下降趋势。

综上所述,推动海洋牧场建设,在降低海洋捕捞强度、减少海水养殖密度的同时,可以推动养殖升级、捕捞转型、加工提升,促进休闲渔业发展,有效延伸产业链条,提升海洋渔业的附加值;能够提供更多优质安全的水产品,推动渔业从传统的"规模数量型"向"质量效益型"转变,促进我国海洋渔业转型升级和持续健康发展。发展海洋牧场,能够有效养护海洋生物资源、改善海域生态环境、提供优质安全水产品,推动养殖升级、捕捞转型、加工提升、三产融合,有效延伸产业链条,推动海洋渔业向绿色、协调、可持续方向发展。现代海洋牧场集海洋环境保护、海洋资源养护、渔业资源可持续产出一体,秉承绿色和可持续发展理念,坚持产业发展与资源环境保护相协调的原则,实现在保护中开发、在开发中保护,目标为调整渔业产业结构,实现渔业转型升级;提供优质动物蛋白,改善居民膳食结构;养护海洋生物资源,改善海域生态环境;推动海洋经济增长,助力海洋强国战略,为海洋生态文明建设和维护近海生态安全提供重要支撑。

---

[1] 出自《习近平:要进一步关心海洋、认识海洋、经略海洋》.中国政府网

《国家级海洋牧场示范区建设规划（2017—2025 年）》（农渔发〔2017〕39 号）中对我国海洋牧场示范区建设提出四条基本原则：统筹兼顾，生态优先；科学布局，重点示范；明确定位，分类管理；理顺机制，多元投入。到 2025 年，我国将实现在全国创建区域代表性强、生态功能突出、具有典型示范和辐射带动作用的国家级海洋牧场示范区 178 个，推动全国海洋牧场建设和管理科学化、规范化；全国累计投放人工鱼礁超过 5000 万空立方米，海藻场、海草床面积达到 330 平方千米，形成近海"一带三区"（一带：沿海一带；三区：黄渤海区、东海区、南海区）的海洋牧场新格局；构建全国海洋牧场监测网，完善海洋牧场信息监测和管理系统，实现海洋牧场建设和管理的现代化、标准化、信息化；建立起较为完善的海洋牧场建设管理制度和科技支撑体系，形成资源节约、环境友好、运行高效、产出持续的海洋牧场发展新局面。

虽然我国海洋牧场建设初具规模，但其在发展过程中还存在统筹规划和基础研究不足、示范引领和体制机制建设不够等问题，制约了海洋牧场综合效益的发挥。《国家级海洋牧场示范区建设规划（2017—2025 年）》总结了我国当前海洋牧场建设所存在的主要问题：在布局结构上缺乏统筹规划，部分海洋牧场缺少明确的功能定位，过于强调经济效益而忽视了其生态价值，制约海洋牧场的主体功能实现；在区域发展上具有不平衡现象，各地区对海洋生态文明建设和海洋牧场建设的重视程度和资金支持存在较大差异，总体对海洋牧场建设的资金投入不足，难以形成有效规模，限制海洋牧场的综合效益实现程度，尤其是以生态保护为主要目的的养护型海洋牧场的发展受到制约；相关法律法规不完善，相关机制体制不健全，部分地区责任落实不明确，建设标准一刀切，挫伤了其地区的海洋牧场建设积极性，同时，片面追求短期效益和经济效益，一定程度制约了海洋牧场综合效益发挥。海洋牧场建设作为一个融合多学科的系统工程，其目前的科研基础较为薄弱，以实证研究为主，缺乏理论研究创新，科技支撑落后于发展需求，基础研究进度滞后，很大程度制约了海洋牧场的科学发展。

四、蓝湾生态整治修复建设

海洋生态系统是我国最宝贵的资源之一，为人类和其他物种提供了服务和利益（Wang et al. ，2020）。近年来，我国海洋生态环境形势严峻，陆源污染严重，近海富营养化加剧，赤潮、绿潮等海洋生态灾害频发，滨海湿地面积缩减，海水自然净化及修复能力不断下降，自然岸线减少，海岛岛体受损以及生态系统受到威胁。生态整治修复作为一种环境保护手段，通过采取各项政策和措施，使得生态环境尽可能恢复到受到干预（污染）前状态。国家蓝湾修复项目（BBRP）作为我国海洋强国建设的重要项目之一，是提升我国海洋大国地位的重要战略。加快开展蓝色海湾整治行动，遏制生态环境恶化的趋势，是改善海洋环境质量，提升海岸、海域和海岛生态环境功能,维护海洋生态安全的需要,对沿海城市经济社会可持续发展具有非常重要的意义。

十八届五中全会首次提出"蓝色海湾整治行动",在我国海湾地区进行生态修复与整治。《国家海洋局海洋生态文明建设实施方案(2015—2020年)》(国海发〔2015〕8号)提出了将"蓝色海湾"综合治理作为海洋生态文明建设的重大项目和工程,国家海洋局结合陆源污染治理,实施环境综合整治、退堤还海、清淤疏浚等措施,恢复和增加海湾纳潮量,因地制宜建设海岸公园、人造沙质岸线等海岸景观,推动16个污染严重的重点海湾综合治理,完成50个沿海城市毗邻重点小海湾的整治修复。同时开展"南红北柳"生态工程、"生态岛礁"修复工程,因地制宜地开展滨海湿地、河口湿地生态修复和受损岛体、植被、岸线、沙滩及周边海域等修复工程,开展海岛珍稀濒危动植物栖息地生态调查和保育、修复,恢复海岛及周边海域生态系统的服务功能。实施领海基点海岛保护工程,开展南沙岛礁生态保护区建设等。

《红树林保护修复专项行动计划(2020—2025年)》中指出,红树林是热带、亚热带海岸带海陆交错区生产能力最高的海洋生态系统之一,在净化海水、防风消浪、维持生物多样性、固碳、储碳等方面发挥着极为重要的作用。近年来,我国红树林保护修复取得了积极进展,初步扭转了红树林面积急剧缩小的趋势,但红树林总面积偏小、生境退化、生物多样性降低、外来生物入侵等问题比较突出,区域整体保护协调不够,保护和监管能力比较薄弱。

《关于中央财政支持实施蓝色海湾整治行动的通知》(财建〔2016〕262号)要求紧紧围绕建设海洋强国和美丽海洋的总目标,坚持问题导向、需求牵引,坚持海陆统筹、区域联动,加快推进海湾综合整治和生态岛礁建设,推动海洋生态环境质量逐步改善;开展蓝色海湾整治行动的城市,近海水质稳中趋好,受损岸线、海湾得到修复,滨海湿地面积不断增加,围填海规模得到有效控制;海岸线保护和修复是本项目的重点,在具有重要生态价值的海岛实施生态修复,促进有居民海岛生态系统保护,逐步实现"水清、岸绿、滩净、湾美、岛丽"的海洋生态文明建设目标;要求坚持地方为主、中央引导、重点支持、率先带动、综合整治、系统推动的基本原则,以提升海湾生态环境质量和功能为核心,提高自然岸线恢复率,改善近海海水水质,增加滨海湿地面积,开展综合整治工程,打造蓝色海湾;以改善海岛生态环境质量和功能为核心,修复受损岛体,促进生态系统的完整性,提升海岛的综合价值。

蓝色海湾建设内容具体包括:海岸整治修复,通过建设生态廊道等,强化社会监督,保护好自然岸线;"南红北柳"滨海湿地植被种植和恢复,治理污染提升海湾水质;近岸构筑物清理与清淤疏浚整治,海洋生态环境监测能力建设,海洋经济可持续发展监测能力建设;自然生态系统保育保全,珍稀濒危和特有物种及生境保护,生态旅游和宜居海岛建设,权益岛礁保护,生态景观保护等,并同步开展海岛监视监测站点建设和生态环境本底调查等。

蓝色海湾建设项目作为美丽海湾建设的前身,注重海洋生态整治、修复,开展多项生态工程,而如今的美丽海湾建设将三个重点工程结合,结合人与自然和谐共生理念,加入对亲海空间的建设,向着更加和谐、更可持续的海洋海岸生态文明建设迈进。

五、蓝色经济和蓝色经济区建设

蓝色经济是开发利用海洋的各类产业及相关经济活动的总和,发达的蓝色经济是建设海洋强国的重要支撑。蓝色经济是开发、利用、保护海洋以及与之相关的各类经济活动的总和,具有海洋生态特征,包括海洋渔业、海洋生态产业、滨海旅游业、海洋交通运输业等。蓝色经济区是以海洋生态产业为特征,以科学开发海洋资源与保护环境为导向,以区域优势产业为特色,以经济、文化、社会、生态协调发展为前提,具有较强综合竞争力的经济功能区。我国海洋自然条件优越、资源丰富,大陆海岸线长达18000多千米,海域辽阔,跨越热带、亚热带和温带。海洋资源种类繁多,海洋生物、石油天然气、固体矿产、可再生能源、滨海旅游等资源丰富,开发潜力巨大。历史孕育的海洋意识和良好的海洋区位优势为我国发展蓝色经济提供了有利条件。

2009年,胡锦涛总书记提出"要大力发展海洋经济,科学开发海洋资源,培育海洋优势产业,打造山东半岛蓝色经济区"[1],这标志着山东半岛蓝色经济区被正式提出。2011年,《山东半岛蓝色经济区发展规划》将山东半岛蓝色经济区建设上升为国家战略,成为国家海洋发展战略中的重要部分,并对其经济区建设进行详尽规划。

依据蓝色经济发展内涵,我国蓝色经济区建设遵循生态经济平衡、科技兴海、海洋产业合理布局和协调发展原则,坚持"沿海带动、海陆一体;改革开放、培育优势;以全球性、开放性视野统筹谋划"的原则,建设蓝色经济和绿色经济集成示范基地、海路联动发展的样板区和核心区、海洋高技术研发和实验中心、临海临港高端产业和优势特色产业集聚区、海洋文化和生态文明绿色走廊、全方位参与国际合作与竞争的先导区。我国依据区域的资源环境承载力、主体功能、国土资源配比、资源开发潜力等,遵循"由陆及海、由海及洋、由浅及深"的空间分布原则,将蓝色经济区划分为蓝色经济辐射带、蓝色经济隆起带、蓝色经济支撑带、蓝色经济核心带、蓝色经济延伸带。利用不同蓝色空间资源条件、区位特征和产业发展需求的特点,以

---

① 出自《中共山东省委 山东省人民政府关于打造山东半岛蓝色经济区的指导意见》(2009年6月30日)鲁发〔2009〕15号

主体功能区的概念引导产业布局,统筹要素资源,构建现代蓝色产业体系。加强海洋生态建设、强化蓝色文化和生态意识普及,才能形成良好的社会风气,实现人与海洋的和谐发展(陈玉荣,2018)。

山东青岛西海岸新区作为以海洋经济发展为主题的国家级新区,聚焦"科技兴海、产业强海、开放活海、生态养海"统筹谋划海洋经济发展。目前、我国沿海地区已基本形成环渤海京津冀都市圈、长三角、珠三角"三大"海洋经济区,以及辽宁沿海经济带、山东黄河三角洲高效生态经济区、江苏沿海经济区、海峡西岸经济区、广西北部湾经济区"五小"海洋经济区区域布局。

专栏 1-7:国内蓝色经济区建设案例

山东半岛蓝色经济区是国务院批准的我国首个蓝色经济区,包括山东全部海域和青岛、东营、烟台、威海、潍坊、日照六市及滨州的无棣、沾化所属的陆域,面积广阔。山东半岛位于亚欧大陆和太平洋交汇处,也是环渤海地区与长江三角洲地区的重要交汇处。在空间布局上,以陆海互联、陆海统筹为基准,进一步加强对海洋产业布局的深层次优化研究,进而完成"一核、两极、三带、三组团"的主要开发结构。目前,山东半岛蓝色经济区的海洋经济总量持续高速增长,海洋产业总产值处于较高水平;海洋产业结构不断优化,其中滨海旅游业和海洋生物业等海洋高新科技为依托的新兴产业发展迅猛。近年来,海洋科技的进步对海洋经济发展的贡献率也在持续上升。

广东在发展蓝色经济区方面不仅具有漫长的海岸线,而且有大量的海洋资源。根据其特色和优势,广东沿海地带发挥了珠江三角洲的引领职能,大力发展海洋高新技术产业、临海石化工业,并以海洋运输业、海洋渔业、滨海旅游业为支柱产业带动各类新型海洋产业全面发展。在对传统海洋经济产业进行改造、优化产业结构、提升资源利用率的同时,广东还积极构建以保护海洋环境为目标的综合管理,全面开展海洋监测工作,使得资源环境得以有效保护。

福建海峡西海岸经济区以建设福建为核心,与长三角、珠三角两大经济区相衔接,并与台湾东西岸密切联系,在对台交流中发挥重要作用。在空间布局上,福建海峡西海岸经济区大力打造东部临港产业发展区,发挥港口优势;中西部以旅游业、集约型绿色有机农业为发展重点;以武夷山脉和闽江水生生态长廊为重点建设生态功能保护带。在产业结构上,福建海峡西海岸经济区大力发展沿海农业产业带,并加强与港澳的联系,引进资金、技术、管理经验等,提升服务业占比,加快经济结构优化。

第二章 浙江美丽海湾"三生"空间的 时空演变与绩效评价

随着我国工业化和城市化进程的加快,生产、生活和生态空间的结构不平衡,制约区域可持续发展,催生出一系列社会问题,导致区域竞争力下降。土地与人类经济社会活动相关,农村和城市地区的空间模式被社会经济发展和城乡人口流动所重塑。一方面,大量劳动力向城镇转移,农村地区人口数量和经济产业下降,废弃农田、生态用地被开发;另一方面,人口数量大量增加以及建设用地规模迅速扩大,导致城镇土地利用规划不合理,迫使城镇建设占用优质土地资源。由于各种土地利用类型间冲突日趋激烈,土地利用结构逐渐失衡,国土空间可持续利用面临着巨大挑战。在新型城镇化和乡村振兴背景下,探寻多样化区域发展政策情景下的国土空间优化开发和保护模式,提升国土空间可持续利用,加强规划实施决策科学性,具有重要意义。

中国共产党第十八次全国代表大会报告提出"调整空间结构、促进生产空间集约高效、生活空间宜居适度、生态空间山清水秀",以土地利用的生产、生活和生态功能为导向的研究成为土地利用研究的重点。生活空间是"人类进行吃穿住用行以及从事日常交往活动的空间存在形式,是延续和培育劳动者的主体场域";生态空间是"维持劳动主体生命活动的栖居之地","主要界定了人类活动的地形地貌、活动区域、地理位置等场域内容";生产空间是"劳动活动的空间存在形式",是"生产什么,如何生产的空间场域和空间结果"(刘燕,2016)。

2015年,中央城市工作会议提出对生产、生活和生态空间("三生"空间)进行整体规划,以提高城市发展的宜居性。在城市化进程中,应考虑"三生"空间的内部关系,实现集约高效的生产空间、宜居的生活空间、有吸引力的生态空间,形成合理的"三生"空间结构。中国共产党第十九次全国代表大会报告提出:"完成生态保护红线、永久基本农田和城市开发边界三条控制线的划定"。该建议的目的是协调"三生"空间,促进可持续发展。政府对"三生"空间的重视,标志着我国"三生"空间发展模式的重要转变,即从以生产空间为导向的模式向"三生"空间协调发展的模式转变。如何有效缓解"三生"空间之间的矛盾、实现其协调发展,成为区域发展研究中备受关注的问题。

土地利用变化对生态环境的影响是学术界热点问题,土地利用数据可作为定量表征区域生态环境质量水平的衡量因素。基于"三生"空间,使土地利用主导功能分类体系衔接土地利用转型与区域转型发展,是土地利用转型研究的重要视角。相关研究关注土地利用转型及其生态效应时空格局(杨清可等,2018)、交互作用内在机制(杨清可等,2021)等方面,采用土地利用转移矩阵探讨生态环境效应时空格局,采用地理加权回归模型(孔冬艳等,2021)、地理探测器(赖国华等,2021)等方法分析影响因素。其中,海岸和海湾地区土地利用转型的生态环境效应研究,重点关注"三生"空间土地利用转型及其生态效应时空格局,考虑土地利用对海陆生态环境状况的影响,将污染程度与土地利用变化进行关联分析(李梅娜等,2022)。浙江海岸带地区作为经济发展水平高、高强度人类活动影响下的空间单元、陆海相互作用强烈的独特社会生态系统,优化其"三生"空间协调发展格局、实现区域生态保护与发展的难题亟待解决。

第一节　浙江主要海湾概况

沿海城市,尤其是湾区,是全球经济中心(如制造业、技术、贸易和金融)与大型交通枢纽所在地,交通和区位优势显著,科技和经济发达。如宁波杭州湾区域,通过杭州湾跨海大桥和杭甬高速铁路连接上海与杭州,其单位土地人口数量、城镇化水平(2022年达80%)和经济发展水平在宁波三个海湾中排名前列,其岸线开发利用强度和土地开发利用强度均呈上升趋势(李加林等,2018)。

海洋和沿海资源每年提供至少价值3万亿美元的经济商品和服务。海洋环境通过直接和间接的方式提供人类生活所依赖的基本商品和生态系统服务(包括沿海旅游、娱乐和就业),支撑着世界国民生产总值(GNP)的61%。全球水产养殖产量(包括鱼类和藻类)为全球经济贡献了约1622亿美元;航运业贡献了全球贸易总额的90%;海洋和沿海旅游业是旅游业的主要部分,占全球国内生产总值(GDP)的5%。全球海洋委员会估计,与海洋相关碳封存的全球经济价值每年约740亿~2220亿美元。

浙江主要海湾包括杭州湾、象山港、三门湾、台州湾、乐清湾和温州湾。海湾地处长三角南翼,以亚热带季风气候为主,海域生产力水平高,海洋资源丰富。区内海湾多淤泥质岸线,滩涂面积广阔,尤以杭州湾南岸岸段滩涂淤涨最为明显。此外,该区域经济水平较高,城镇化发展迅速,近年来人类活动尤其是围填海活动对区域的干扰远超过自然营力,造成海湾岸线、景观格局以及生态价值的剧烈变动,对海湾生态环境产生了深刻影响。

一、杭州湾

杭州湾位于浙江东北部,毗邻长江口,是一个喇叭形海湾。其地理范围东起上海南汇芦潮港至镇海区甬江口,西接钱塘江河口区,其界限从海盐澉浦长山至慈溪、余姚两地交界处的西三闸。其北岸为长江三角洲和杭嘉湖平原,南岸是宁波和三北平原,东部有舟山群岛间各水道沟通东海,西部和钱塘江河口区连为一体,与国内外的交通联系条件较好。杭州湾是典型的喇叭形强潮河口湾,对湾内潮流运动、泥沙淤积和岸滩演变影响巨大。

杭州湾沿岸区域城市化程度高,是浙江经济社会发展的核心区。杭州湾地跨浙江、上海两省市,上海、杭州与宁波分别位于湾口两翼和湾顶之西。沿岸经济发达,城镇化水平高,人口密度高,且综合素质较强。杭州湾地处中纬度北亚热带季风气候区,气候条件较好,有利于农业发展;水动力强、泥沙多,既有利于土地资源的扩大,又有较多的海洋能源蕴藏,却造成岸滩不稳定,港口建设、海岸防护、航道开发难度大,对海洋生物生长不利。杭州湾南岸的庵东浅滩前家及北岸的南汇嘴滩地前缘活动泥沙多,再加上人工促淤措施,此两处滩涂淤涨速度最快,因此湾内可供利用的滩涂资源丰富,围海造地和垦殖利用的潜力很大,但也增加了港口和航道开发利用的难度。近年来,杭州湾海洋资源虽然丰富,但是由于人类活动强度加大,导致渔业资源出现大幅度衰减。

二、象山港

象山港处于浙江北部沿海,北面紧靠杭州湾,南邻三门湾,东侧为舟山群岛,地理坐标 $120°10'E—120°23'E$,$29°24'N—29°23'N$(韩松林等,2014)。从地质上看,象山港为一狭长形的半封闭海湾,自东北向西南倾斜而深入内陆,东北出口与舟山海域和东海相连。

象山港隶属于宁波,其海岸曲折、海底地形复杂,港、湾交错分布,港内水深浪静,泥沙回淤少,有西沪港、黄墩港、铁港三大支港。象山港海洋资源丰富,主要有港口、滩涂、水产和旅游资源等,开发利用价值较高。港内地势起伏较大,溪流密布,为潮间带提供充足的养料,有利于水产养殖。象山港区域水产养殖发展迅速,养殖面积和产量已有相当的规模。受地形的庇护和影响,象山港较少受风浪的影响,且港内水深大,是天然的避风良港,加之其地势险要、淤积少,也是优良的军港。象山港周边地区劳动力充足,形成了农业为主,渔业和盐业为辅的生产格局。

三、三门湾

三门湾是我国大陆岸线的中点,也是东海北部海湾海岸中段,衔接宁波、台州两市,北靠象山港,南接台州湾,东滨猫头洋,地理坐标 121°25′—121°58′E,28°57′—29°22′N(中国海湾志编纂委员会,1993)。三门湾以基岩海岸为主,沿岸多低山丘陵,湾内舌状滩地与潮汐汊道相向排列,港口与滩涂资源丰富。陆地溪流淡水与海洋咸水交汇为海洋生物提供了丰富的养料,因此三门湾湾内水产资源蕴藏量丰富,水产养殖业发达。其虽为半封闭性海湾,但湾内水动力条件好,水体交换迅速,自净能力强。然而由于进行海湾开发利用时不重视生态环境的保护,同时围填海活动影响了海湾水体交换的速率,该区域环境污染仍比较严重。在季风气候影响下,三门湾天气变化复杂,时有灾害性天气发生,并伴随相关海洋灾害。

三门湾涉及宁波与台州地区的象山、宁海、三门三个县。

四、台州湾

台州湾位于东海北部海湾中部,为椒江河口湾,包括椒江河口外以及黄琅以南的浅海海城、地理坐标121°24′30″—121°27′E,28°20′57″—28°47′21″N(中国海湾志编纂委员会,1993)。台州湾湾面呈喇叭形向外延伸,海域开阔但水深较浅,近海平原广布,河网密布,西北多山,地势较高。台州湾岸线曲折,人工岸线较长,淤泥质岸线所占比重也相对较大,且处于不断淤涨之中,加之河水带来丰富的营养盐,使得土质肥沃。在亚热带季风气候的影响下,雨热均匀,有利于作物生长,但也时常发生台风、暴雨、干旱等灾害。

台州湾隶属台州地区,包括临海、椒江、路桥、温岭四个市(区),北边紧靠宁波,南边与温州接壤,由于温州、宁波均为沿海开放城市,因此为台州湾地区经济发展提供了助力。

五、乐清湾

乐清湾为东北—西南走向,向东北延伸至内陆,三面环陆,仅西南开口,地理坐标120°57′55″—121°17′9″E,27°59′9″—28°11′50″N(中国海湾志编纂委员会,1993)。乐清湾三面环山,海湾隐蔽,加之海口有岛屿作为屏障,是天然的避风港。其地势起伏大,便于水体交换,季风气候下水热均匀,水温与盐度适中、营养盐丰富,有利于浮游植物和底栖生物繁衍。乐清湾滩涂资源丰富,开发前景好,主要用于农业、水产养殖和盐业,也可作为城市发展所需的建设用地。

乐清湾行政范围跨越温州和台州,沿湾地区乡镇级行政建制较多,由乐清、玉环、温岭和洞头共同管辖。

六、温州湾

温州湾地处浙东南沿海,为瓯江、飞云江、鳌江的河口湾,无明显完整的湾形,地理坐标 120°35′50″—121°11′30″E,27°27′55″—27°59′9″N(中国海湾志编纂委员会,1993)。温州湾由三江河口浅海海域组成,水域开阔,面积较大,岸线相对平直。各类型岸线中,淤泥质岸线以及人工岸线所占比例最高,尤其是河口两侧连片滩涂处于缓慢淤涨、不断增加的状态,为温州湾地区城市发展与产业发展提供了充足的后备土地资源。在亚热带季风气候的影响下,温州湾地区雨热同期,水体温度与盐度适中。由三江带来的丰富的淡水、泥沙和营养盐,加之温州湾滩涂平坦而开阔,使温州湾成为资源禀赋较高的海湾,走上了"种、养、加、贸、工"综合发展的道路。温州湾渔业尤其是水产养殖业非常发达。此外,温州湾港口航道资源与旅游资源丰富,地区商品出口便利、商品化程度高,经济较发达。

第二节 基于"三生"空间的浙江美丽海湾 的生态质量时空演变

采用 2000—2020 年遥感解译数据,使用生态环境质量指数、生态环境贡献率综合分析浙江海岸海湾地区"三生"空间土地利用时空格局及其生态环境效应,有助于丰富"三生"空间内涵、优化海陆复合系统管理体制,为海岸带地区国土资源合理开发利用、海陆一体化规划发展提供理论依据。

一、数据来源与研究方法

(一)研究区概况与数据来源

《联合国海洋法公约》将海湾定义为凹入陆地的明显水曲。《海岸带环境地质调查规范(DD 2012—04)》定义海岸带为海岸线向陆侧延伸 10 千米、向海延伸至-20 米水深线的带形区域。考虑潮汐水域影响范围及地理单元完整性,浙江海岸带范围定义为海洋毗连的区、县、县级市行政单元的陆域部分,海岸线向陆延伸 10 千米范围内,在潮汐水域影响范围内的地区及其所辖的海域部分,共涉及 10 个地级市的 45 个区、县级行政单元。

陆域土地利用数据来源于中国测绘院土地利用数据集,提取 2000 年、2005 年、2010 年、2015 年、2020 年五期的浙江海岸带土地利用数据。海洋数据源于浙江省海洋功能区规划(2011—2020 年)、浙江省生态环境保护"十四五"规划、浙江省海洋经济发展"十四五"规划等文件,以及浙江省海洋生态环境公报(2000—2020年)等生态监测数据,如表 2-1 所示。

表 2-1 "三生"空间土地利用主导功能分类及其生态环境质量指数

"三生"土地利用主导功能分类		土地分类系统二级分类	生态环境属性因子
一级地类	二级地类		
生产用地	农业生产用地	水田、旱地	0.286
	工矿生产用地	工交建设用地	0.150
生态用地	林地生态用地	有林地、灌木林地、疏林地、其他林地	0.826
	草地生态用地	高覆盖度草地、中覆盖度草地、低覆盖度草地	0.620
	水域生态用地	河渠、湖泊、水库和坑塘、滩涂、滩地	0.511
	其他生态用地	裸土地、裸岩石质地	0.039

"三生"土地利用主导功能分类		土地分类系统二级分类	生态环境属性因子
一级地类	二级地类		
生活用地	城镇生活用地	城镇用地	0.200
	农村生活用地	农村居民点	0.200

(二)研究方法

1.土地利用变化分析

土地利用功能结构转型通过土地利用转移矩阵模型实现,能够体现"三生"空间用地面积转移,刻画土地利用结构和用地功能类型的变化。本书基于浙江海岸带 2000 年、2005 年、2010 年、2015 年、2020 年五期土地利用数据,利用 ArcGIS 10.5 对其进行分析。其表达式为:

$$S_{ij} = \begin{vmatrix} S_{11} & S_{12} & \cdots & S_{1n} \\ S_{21} & S_{22} & \cdots & S_{2n} \\ \cdots & \cdots & \cdots & \cdots \\ S_{n1} & S_{n2} & \cdots & S_{nn} \end{vmatrix} \tag{2-1}$$

式中,S 为土地面积;n 为土地利用的类型数;i、j 分别为研究初期与末期的土地利用类型。

2.区域生态环境质量分析

①生态环境质量指数。生态环境质量指数可以定量反映浙江海岸带"三生"空间分类下,不同土地利用功能类型所具有的生态环境质量状况及其面积的比例。综合考虑土地利用方式的空间格局和功能属性,构建生态环境质量指数 EV。

$$EV = \sum_{i=1}^{N} \frac{A_i}{A}(F_i + S_i) \tag{2-2}$$

式中,A_i 和 A 分别为采样单元范围内第 i 种用地类型的面积和采样单元总面积;F_i 为第 i 类用地类型的生态环境属性因子,S_i 为第 i 类用地类型的生态环境格局因子,两者经过无量纲化处理,共同构成了第 i 类用地类型的生态环境质量指数。

本书为综合表达由土地利用格局变化引起的生态环境质量变化,利用 Fragstats 4.2 软件对景观破碎度 C_i、景观分离度 N_i 和景观优势度 D_i 三个景观格局指数进行加权计算,构建生态环境格局因子 S_i。综合考虑相关研究成果与区域生态环境实际情况,分配三者权重为 $a = 0.6$,$b = 0.3$,$c = 0.1$,生态环境格局因子 S_i 的详细计算过程(谢花林,2008)见式(2-3):

$$S_i = \frac{1}{a \times C_i + b \times N_i + c \times D_i} \tag{2-3}$$

②生态环境质量空间插值。依据采样区尺度与平均斑块尺度的大小关系以及采样的工作量大小,对研究区范围使用 15 千米×15 千米的正方形网格进行等间距采样,得到 280 个样区。将每个样区的生态环境质量指数 EV 赋予样区中心点,使用 GS+10.0 平台的半变异函数分析模块分析变量的空间变异程度,确定区域生态风险变量的空间相关性,并获得空间插值最佳拟合参数。借助 ArcGIS 10.2 平台,采用克里金插值法对样区的风险值进行空间插值,得到整个研究区生态环境质量空间分布情况,按照自然断裂点法将其划分为五级。

③土地利用变化的生态环境效应分析

土地利用变化类型生态贡献率指某一种土地利用类型变化所导致的区域生态质量变化,体现区域生态环境变化的主要用地转变过程(杨清可等,2018),其表达式为:

$$LEI = (LE_{t+1} - LE_t)LA/TA \tag{2-4}$$

式中,LEI 为土地利用变化类型生态贡献率;LE_{t+1}、LE_t 分别为某种土地利用变化类型所反映的变化初期和末期土地利用类型所具有生态质量指数;LA 为该变化类型的面积;TA 为区域总面积。

④海域生态环境质量分析

结合"三生"空间内涵(段亚明等,2023)及海岸带功能区划相关研究(赖国华等,2021),根据浙江省海洋功能区规划、浙江省生态环境保护"十四五"规划、浙江省海洋经济发展"十四五"规划等规划内容,参照海域生产、生活、生态空间的功能属性(胡恒等,2020),定义工业与城镇用海为生产空间,旅游娱乐区为生活空间。在陆海统筹的海洋空间规划理念指导下,考虑海洋空间特殊性,借鉴陆域生态环境质量指数(高星等,2020)基本原理,综合考虑功能分区的生态环境状况和空间格局,采用专家打分法建立海洋基本功能区允许开发的因子(曹可等,2017),定量表征区域生态环境质量,构建海域生态环境质量标准 P。海洋基本功能区及允许开发因子如表 2-2 所示。

$$P = \sum_{i=1}^{N} \frac{A_i}{A} \times (1 - D_i) \tag{2-5}$$

式中,A_i 和 A 分别为采样单元范围内第 i 种功能分区的面积和采样单元总面积;D_i 为第 i 类海洋功能分区的允许开发因子。

表 2-2　海洋基本功能区及允许开发因子

"三生"空间划分	海洋功能区类型	允许开发因子
生产空间	农渔业区	0.60
	港口航运区	0.70
	矿产与能源区	0.60
	工业与城镇建设区	0.60

续　表

"三生"空间划分	海洋功能区类型	允许开发因子
生活空间	旅游娱乐区	0.60
	海洋保护区	0.20
生态空间	特殊利用区	0.40
	保留区	0.10

运用功能区开发利用分类,结合近岸海域水质状况,建立海域生态环境质量指数 OEV,来衡量海域生态环境状况。海水水质标准按照海域使用功能和保护目标进行分类。

$$OEV_t = \sum_{i=1}^{N} P_i \times E_t \qquad (2-6)$$

式中,P_i 为第 i 种海洋功能分区的生态环境质量标准;E_t 为 t 年份浙江近岸海域优良水质(Ⅰ类、Ⅱ类)比。

⑤海陆间生态环境质量分析

耦合协调度反映陆海系统间联动程度。耦合协调度高值表明陆海间生态、经济、资源、交通、制度等多要素相互作用强烈;耦合协调度低值则表明陆海间联动作用弱,在经济发展模式、资源开发管理、生态保护行动、空间规划体系等方面缺乏协调统一。

$$C = 2 \left\{ \frac{L \times O}{[L+O]} \right\}^{\frac{1}{2}} \qquad (2-7)$$

$$D = (C \times T)^{\frac{1}{2}}; T = \alpha L + \beta O \qquad (2-8)$$

式中,$C \in [0,1]$,为耦合度;L 为陆域生态环境质量指数(EV);O 为海域生态环境质量指数(OEV);D 为海陆生态系统间的耦合协调度,$D \in [0,1]$,D 值越大,表明海陆生态系统发展越协调;T 为综合评价指数;α、β 为待定系数,为保证陆域和海域系统的统一,假设陆域系统与海域系统重要程度相当,$\alpha = \beta = 0.5$。

二、海湾地区"三生"空间快速变化,引发生态环境问题

(一)土地利用时空分布

1. 土地利用以生态用地为主,生产生活用地次之

从浙江海岸带陆域地区来看,土地利用功能构成以生态用地为主要用地类型,面积保持在 18000 平方千米左右,占比 50% 以上,为浙江生态环境稳定奠定坚实基础;生产用地面积常年在 12000 平方千米左右,面积占比 30% 以上;生活用地面积占比较小(如表 2-3 所示)。

表 2-3　2000—2020 年浙江海岸带土地利用情况

年份	生产用地/平方千米		生态用地/平方千米				生活用地/平方千米	
	农业生产用地	工矿生产用地	林地生态用地	草地生态用地	水域生态用地	其他生态用地	城镇生活用地	农村生活用地
2000	12442.32	280.77	15695.29	740.54	1765.86	13.25	770.98	1122.61
2005	11294.56	460.96	15583.78	734.55	1825.77	14.17	1529.05	1388.49
2010	11101.29	626.44	15557.84	737.87	1828.58	14.17	1548.70	1416.22
2015	10472.73	1348.84	15391.84	882.47	2057.86	15.92	1946.20	1694.74
2020	10277.55	1453.53	15337.29	848.39	2000.64	15.47	2010.08	1769.95

从土地利用的空间分布情况来看,生产用地和生活用地主要分布在临近海岸线的平原地区,生态用地则主要分布在相对远离岸线的山地丘陵地区。杭州、宁波所属海岸带地区因地形平坦、资源较为充裕,产业开发和人居环境条件优越,呈现大量农业生产用地、工矿生产用地和城镇生活用地构成的用地格局。温州和台州海岸带地区因天台山、括苍山等浙东丘陵影响,地形起伏较大,呈现以林地生态用地为主的用地格局。2000—2022 年浙江海岸带地区土地利用状况如表 2-4 所示。

表 2-4　2000—2020 年浙江海岸带地区土地利用状况

年份	地区	生产用地/平方千米		生态用地/平方千米				生活用地/平方千米	
		农业生产用地	工矿生产用地	林地生态用地	草地生态用地	水域生态用地	其他生态用地	城镇生活用地	农村生活用地
2000年	杭州	2301.14	26.47	1104.25	18.91	472.71	5.67	234.46	300.64
	宁波	5213.02	164.50	5288.66	151.27	538.89	7.56	372.49	368.71
	温州	2666.07	81.31	6937.46	410.31	346.02	7.56	155.05	179.63
	舟山	499.18	71.85	752.55	32.14	77.52	3.78	17.02	45.38
	嘉兴	1807.64	15.13	54.83	0.00	207.99	0.00	56.72	347.91
	台州	2592.33	7.56	4432.11	242.03	355.48	0.00	98.32	107.78
	绍兴	1527.79	7.56	1667.71	22.69	361.15	1.89	88.87	181.52
2005年	杭州	2110.17	52.94	1085.34	18.91	472.71	11.34	423.55	289.30
	宁波	4530.43	285.52	5216.81	145.59	569.14	5.67	771.46	580.49
	温州	2414.59	105.89	6920.44	408.42	361.15	7.56	378.17	187.19
	舟山	499.18	71.85	750.66	32.14	77.52	3.78	17.02	45.38
	嘉兴	1671.50	39.71	52.94	0.00	221.23	0.00	128.58	376.28
	台州	2459.97	56.72	4401.86	242.03	361.15	0.00	194.76	119.12
	绍兴	1404.89	32.14	1648.81	20.80	342.24	1.89	138.03	270.39

续 表

年份	地区	生产用地/平方千米			生态用地/平方千米				生活用地/平方千米	
		农业生产用地	工矿生产用地	林地生态用地	草地生态用地	水域生态用地	其他生态用地	城镇生活用地	农村生活用地
2010年	杭州	2062.90	85.09	1081.56	18.91	476.49	11.34	433.00	294.97
	宁波	4486.94	342.24	5192.22	145.59	567.25	5.67	779.02	586.16
	温州	2374.88	141.81	6907.21	412.20	363.04	7.56	389.51	187.19
	舟山	499.18	71.85	752.55	32.14	77.52	3.78	17.02	45.38
	嘉兴	1646.91	49.16	51.05	0.00	221.23	0.00	132.36	389.51
	台州	2433.50	85.09	4388.62	251.48	359.26	0.00	194.76	122.90
	绍兴	1357.62	79.41	1646.91	20.80	342.24	1.89	138.03	272.28
2015年	杭州	1894.61	156.94	1079.67	17.02	364.93	11.34	591.83	347.91
	宁波	4294.08	463.25	5141.17	181.52	506.74	5.67	888.69	623.97
	温州	2233.07	240.14	6861.83	400.86	334.68	7.56	472.71	232.57
	舟山	381.95	143.70	765.79	30.25	56.72	0.00	28.36	92.65
	嘉兴	1550.48	83.20	52.94	0.00	200.43	0.00	162.61	429.22
	台州	3704.14	296.86	4169.28	194.76	463.25	0.00	395.18	627.76
	绍兴	1340.60	107.78	1635.57	15.13	253.37	1.89	204.21	300.64
2020年	杭州	1870.22	176.71	1078.05	16.90	358.69	11.88	629.51	351.32
	宁波	4238.92	496.36	5131.49	183.74	504.67	5.56	941.73	646.25
	温州	2206.84	258.11	6856.82	400.23	333.93	7.56	509.18	236.61
	舟山	375.19	150.50	766.68	30.13	55.56	0.00	29.34	97.17
	嘉兴	1534.70	93.21	52.82	0.00	199.93	0.00	174.44	435.27
	台州	3793.33	379.15	4152.33	191.95	471.50	0.00	433.59	706.01
	绍兴	1328.97	128.66	1633.45	14.72	247.45	1.89	215.86	310.93

2.陆域呈现生产生活空间用地内部转变

2000—2020 年,浙江陆域生产空间面积由 12723.09 平方千米降至 11731.08 平方千米,年均减少 0.41%;生活空间快速扩张,年均增长 3.52%,面积扩大了一倍;生态空间变化幅度较小。二级地类中农业生产用地与林地生态用地被占用,缩减面积为 2164.77 平方千米、358.00 平方千米,年均下降 0.95%、0.12%;城镇生活用地、农村生活用地、工矿生产用地大幅增长,扩张面积为 1239.10 平方千米、647.34 平方千米、1172.76 平方千米,年均增长 4.91%、2.30%、8.57%。

2000—2020年土地利用转型主要为生产生活空间内部转变,即农业生产用地转移向工矿生产用地、城镇与农村生活用地(如图2-1所示)。转型呈现阶段性特征:2000—2005年土地利用变化较为剧烈,发生功能转变的用地达1636.62平方千米,主要为农业生产用地向城镇与农村生活用地、工矿生产用地的蔓延,转移面积分别为573.60平方千米、313.91平方千米、188.35平方千米;2005—2010年土地利用变化较缓,转移面积245.42平方千米,转移率0.75%,农业生产用地进一步向工矿生产用地转变,转移面积125.56平方千米;2010—2015年土地利用转移率达5.14%,该时段主要用地类型变化主要为农业生产用地、水域与林地生态用地向城镇生活用地、农村生活用地、工矿生产用地的转变;2015—2020年土地利用变化程度相对减缓,转移率降至3.68%。农业生产用地向农村生活用地、工矿生产用地转化减少,土地利用呈现集约化趋势。

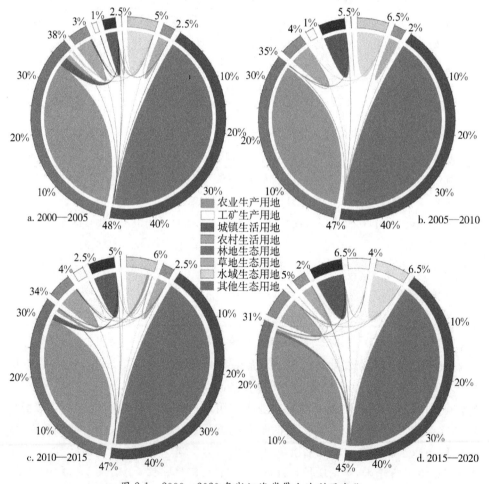

图2-1 2000—2020年浙江海岸带土地利用变化

3.海域表现生活与生态空间规模扩张

结合海域水质变化和海洋功能区发现:2000—2020年海域生产空间规模大幅减小,面积占比从90%降至56%,年均下降2.28%。水污染防治计划及重点海域综合治理修复等海洋整顿治理行动使生产空间面积减少,其中港口航运区面积年均下降2.68%。受沿海旅游开发活动的影响,2000—2020年生活空间面积占比由10%增至18%,年均增长2.83%。总体上海域生态空间与生活空间规模呈现扩张态势,蓝色海湾综合治理、美丽海湾建设等卓有成效。

(二)海湾生态环境现状

1.陆域"三生"空间景观生态风险加剧

2000—2020年景观生态风险程度年均增长0.86%,"三生"空间景观生态风险大小体现为生活空间>生产空间>生态空间。生活空间景观生态风险加大,年均增长3.02%;生产空间和生态空间呈现弱化趋势,景观风险指数年均下降1.92%和0.67%。2000—2020年景观生态安全格局对区域生态环境质量变化的影响较大,尤其体现在景观破碎化、分离化程度较高的生产、生活空间上。农业生产用地的景观优势度在0.4以上,为较高水平;农业生产用地向其他生产生活用地的转变是导致区域生态环境恶化的主要因素,贡献率为90%。

浙江海岸带地区陆域生态环境质量指数逐年下降,由2000年的2.203降至2020年的1.838,年均下降0.90%。"三生"空间中生产空间生态环境质量指数从0.740降至0.479,年均下降2.15%;生态空间生态环境质量指数从1.426降至1.256,年均下降0.63%。

2.海域"三生"空间生态质量整体呈现改善趋势

2000—2020年海洋生态环境质量指数从0.047上升至0.216,年均增加7.91%,海洋生态环境质量整体改善。农渔业区由于面积大和水质改善明显,贡献56%的生态环境值;港口航运区、矿产与能源区、工业与城镇用海区、旅游休闲娱乐区的生态环境值较低。

2000—2020年海域生态环境质量整体呈现波动式上升。2000—2005年浙江开展"碧海行动计划",颁布施行《浙江省海洋环境保护条例》,建立近岸海域水质管理和生态保护的政策法规,海域生态环境质量指数从0.047增至0.098。2005—2015年沿海生产生活活动快速扩张,污染物排放造成近岸海域污染,海域生态环境质量年均降低5%。2015—2020年,浙江陆域"五水共治""三改一拆""四边三化"等行动推进河道整治和水环境综合治理,对海洋生态环境形成正向拉力;海域"湾长制""滩长制"深化,"蓝色海湾"综合治理等建设方案推进,海域生态环境质量指数年均增长30%。2000—2020年陆海各功能区生态环境质量指数如表2-5所示。

表 2-5　2000—2020 年陆海各功能区生态环境质量指数

"三生"空间	功能地类	2000 年	2005 年	2010 年	2015 年	2020 年
生产空间	农业生产用地	0.73692	0.60433	0.57808	0.48297	0.45502
	工矿生产用地	0.00327	0.00605	0.00769	0.01960	0.02445
	农渔业区	0.02546	0.05304	0.02122	0.03183	0.11670
	港口航运区	0.00219	0.00457	0.00183	0.00274	0.01005
	矿产与能源区	0.00001	0.00002	0.00001	0.00001	0.00004
	工业与城镇建设区	0.00092	0.00191	0.00076	0.00115	0.00420
生活空间	城镇生活用地	0.02582	0.07826	0.07457	0.07591	0.08132
	农村生活用地	0.01129	0.01538	0.01568	0.01904	0.02102
	旅游娱乐区	0.00054	0.00112	0.00045	0.00067	0.00247
生态空间	林地生态用地	1.34271	1.31760	1.28388	1.20071	1.16885
	草地生态用地	0.01932	0.01935	0.01943	0.02347	0.02228
	水域生态用地	0.06455	0.06324	0.06149	0.07114	0.06530
	其他生态用地	0.00004	0.00004	0.00004	0.00005	0.00005
	海洋保护区	0.00862	0.01795	0.00718	0.01077	0.03949
	特殊利用区	0.00020	0.00041	0.00016	0.00025	0.00091
	保留区	0.00925	0.01927	0.00771	0.01156	0.04239

3.陆海"三生"空间生态质量总趋势为下降

浙江海岸带陆海生态系统生态环境质量指数由 2000 年的 2.250 降至 2020 年的 2.054,年均下降 0.46%。陆海"三生"空间中,生态空间的生态环境贡献率达 65.00%,生产空间为 30%,生活空间的贡献度较小。其中,2010—2015 年陆海生态环境质量年均下降 1.27%;2015—2020 年生态值年均增长 1.03%,海域生态空间面积占比由 5.30% 增至 26.00%,陆域农业生产用地及林地生态用地转化速度趋缓,陆海"三生"空间生态质量有所改善。

2000—2015 年浙江海岸带地区城镇化和工业化进程加快,大量景观优势度较高的农业生产用地及林地生态用地受到侵占,景观生态安全格局变化加剧,土地呈现破碎化、分离化趋势,陆域系统的生产生活活动以水体污染、破坏沿海水动力平衡等形式危害海域系统,区域生态环境恶化显著。2015—2020 年,随着主体功能区规划建设、"五水共治"、退耕还林还草、蓝色屏障建设、山水林田湖草生命共同体等生态环境保护与整治工程的实施,海岸带生态环境质量得到改善。

4.陆海各湾区生态环境效应

(1)杭州湾

杭州湾区域生态环境问题严峻。来自长江径流等陆源污染物排放总量居高不下,以水体严重富营养化为特征的生态环境问题已成为环杭州湾地区经济社会持续发展的瓶颈和公众关注的焦点。自1992年以来,杭州湾海水水质历年监测结果均为劣IV类海水,主要超标因子为无机氮和活性磷酸盐。杭州湾海水常年为劣IV类的主要原因为:河流污染排放导致杭州湾水质超标;海湾地形和潮汐作用影响下,海湾水体扩散条件差,导致污染物富集;杭州湾海域营养盐超标等面源污染;湿地围垦、人造刚性堤坝等围填海活动破坏潮间带生态系统;区域突发性事件,如海上溢油、危化品泄漏等污染海洋环境。

杭州湾陆海生态环境质量整体变化幅度较大。2000—2020年,陆域生态环境质量指数从0.267降至0.261,年均下降0.11%;海域生态环境质量指数波动式上升,从0.098增至0.140,年均增长1.81%。2010年前后是杭州湾生态环境质量变动的"拐点",这归因于杭州湾区域的围填海管控加强、海岸带整治修复工作科学推进,以及国家层面的政策调整和政策供给相适应。2012年,国家海洋局公布《全国海洋功能区划(2011—2020年)》,提出到2020年中国自然岸线保有率不低于35%、完成整治和修复岸线长度不少于2000千米的目标,相关目标在2016年的"十三五"生态环境保护规划中得到进一步强调。

(2)象山港

2000—2020年,陆域生态环境质量指数从0.138到0.140,变化幅度较小;海域生态环境质量指数呈波动式上升,从0.064到0.092,年均增长1.81%。2021年,象山港沿岸陆源入海口主要污染物浓度监测显示:河流和水闸处测得的主要超标因子为总磷和氨氮,工业企业排污口主要超标指标为化学需氧量和悬浮物。

象山港区域生态环境管理与建设存在突出问题,具体表现为规划布局不协调、环境恶化、基础设施不完善、管理机制失衡等问题。象山港区域虽然确定为生态功能区,但整体功能定位及其具体职能不够明确。基于资源禀赋的功能分区仍然不够明晰,由此造成沿海土地资源、象山港岸线、海域等资源的无序化开发。由于缺乏规划的统筹引导,区域主导产业不够明确,环港区域的产业发展和空间布局存在随意性和盲目性。受行政区划限制和局部利益驱动,部分地区要求发展临港工业的呼声甚高,局部区域产业布局趋于混乱。浅海滩涂的无序、无度、无偿开发,造成养殖布局不合理,制约了海洋产业的可持续发展。基础设施建设不能适应城镇体系向组群化、网络化发展的要求。自来水覆盖率低,水厂规模小,水质条件差异大。环境保护、废弃物收集处理等基础设施建设水平较低,如排水管网建设滞后,绝大多数城镇,尤其是大量的农村未经处理就将污水直接排入水体。基础设施共享程度低,城镇间联系不足。受地理区位、交通条件及城镇发展状况制约,缺乏统一规划与协调,各城镇在供水供电、污水处理等设施建设方面仍处于"各自为政"状态,资源与设施共享程度低。象山港区域虽然是一个相对独立的地理单元,但分属5县(市)、区和21个乡镇,在资源利用、环境治理、产业布局、城镇体系等方面缺乏统一规划,资源综合开发与合理保护相脱节,区域开发功能定位不够明确,产业布局不太合理,条块分割比较严重。沿港各县(市)、区,以及沿港镇(乡)在引资争项目等方面竞争激烈,局部利益和整体利益的矛盾难以协调。

(3)三门湾、台州湾

2000—2020年,三门湾、台州湾陆域生态环境质量指数保持相对稳定,年均分别下降0.16%、0.07%;海域生态环境质量指数则呈增长趋势,两者均年均增长1.81%。2000—2010年,区域不合理围垦活动对海湾生态环境造成冲击,促使潮滩面积缩减、植被覆盖率下降,海湾湿地面积损失情况严峻;2010—2020年,两个海湾湿地面积减少速度均下降,并且保持平稳趋势(刘永超等,2022)。

三门湾、台州湾区域地方部门在统筹协调经济社会发展与生态环境保护、促进高质量发展方面缺乏工作,尤其在污染防治、生态保护、环境基础设施建设等存在差距,环保责任落实不到位。区域产业发达,生产生活产生的固体废弃物量大,但历史遗留问题显著。海洋生态环境面临岸线保护、近岸海域污染防治、入海河流氮磷浓度高、入海排污口整治不彻底、湿地保护不力等问题。

(4)乐清湾、温州湾

2000—2020年,乐清湾、温州湾陆域生态环境质量指数相对较低,呈现低速增长趋势,年均分别增长0.07%、0.22%;两者海域生态环境质量指数年均增长1.81%。乐清湾、温州湾区域面临海岛岸线保护不足、围填海工程破坏生境、污染排放缺乏管控、渔业资源衰减等问题。近年来,日益加剧的人为干扰(挖砂、采砂等)及其他各种不规范开发利用,使得区域岸线受到了不同程度的破坏,各海湾自然岸线开发不尽合理,海湾岸线景观被人为活动隔断;岸段的开发利用规划不合理、缺乏整体连通性,道路两侧受到开发建设的破坏。由于湾区经济社会快速发展,大量围填海工程严重破坏了海岸线,大大削弱了其抵御海啸、风暴潮和海水入侵等自然灾害的能力。大量湿地资源损失,特别是一些渔业资源的产卵场、育苗场遭到破坏,造成了海域生物多样性降低。部分入海排污口设置不规范,需整治提升。渔港码头污水、垃圾收集处置设施建设不完备,船舶修造行业污水、固废收集治理不到位。养殖尾水排放缺少有效管控手段,监测管控能力不足。随着沿岸海域开发强度的不断提升,受陆源排污、过往船只以及过度捕捞的影响,近岸海域鱼类种类数减少,经济种群规模不断萎缩,渔获物呈小型化、低龄化、低值化趋势。由于对海洋垃圾的监管不到位,部分海滩仍存在生活垃圾和海漂垃圾,破坏了亲海空间的整体景观。

三、海陆统筹走向湾区治理是关键

海岸海湾区域既是陆海相互作用最强烈的地带,又是高强度人类活动影响下的空间单元。在新一轮机构改革和国土空间规划体系重构的"多规合一"和"陆海合一"背景下,深化海陆交界处的陆海统筹理念,以空间规划统领区域发展、探索海陆交界处的空间治理体系,是综合管理海岸带地区并实现海岸带地区高质量发展的必经之路。

沿海地区土地利用冲突衡量及其国土空间优化研究,聚焦沿海地区环境与生态问题(Li & Wang,2022;Forst,2009),重点关注土地利用开发模式、适宜性、资源配置、空间多功能利用等方面的冲突。构建系统性的评价体系、探究陆海交互作用机制、划分土地利用分区等(杨羽頔和孙才志,2014;江颂和蒙吉军,2021)是解决陆海空间冲突的重要手段。同时,海岸带开发与海洋环境保护间的矛盾,是跨界海湾地区关注的热点。沿海地区跨界问题常常包括一地的管理活动导致的临近区域的管理冲突、对其他地区环境状况的威胁(Ansong,et al.,2020)。沿海地区跨界冲突问题多样化,涉及多用途、多目标、多级政府,使得评估衡量空间冲突成为区域规划发展的核心。海陆统筹视域下,规划管理陆地和海洋分区、衔接海洋空间功能分区与国土空间规划体系(安太天等,2022),综合土地利用现状分类及海域使用分类,以建立海岸带"三生"空间分类体系(胡恒等,2020)。沿海地区土地利用转型的生态环境效应研究关注"三生"空间土地利用转型及其生态效应时空格局,从工业三废(废气、废水、废渣)的角度探究环境污染变化情况(王永润等,2021),驱动机制研究多采用自然因素及社会经济因素进行统计分析(张华玉等,2022),但指标数据仅停留在陆地范围内;考虑土地利用对海陆生态环境状况影响,将污染程度与土地利用变化关联分析(李梅娜等,2022)。如何基于沿海地区"三生"空间生态环境评价,协调沿海地区开发与保护,成为国土空间规划体系亟待解决的问题。海陆交界处是一种独特的社会生态系统,沿海地区既是陆海相互作用最强烈的地带,又是高强度人类活动影响下的空间单元。现有研究关注沿海地区土地利用的生态环境效应及海岸带陆海交互作用对土地利用的影响,鲜以沿海地区海陆空间为研究对象对沿海地区土地利用的生态环境效应进行评估。

对海洋规划主导的沿海地区空间功能分区,以海洋资源环境承载力为基础优化空间布局,融合陆海"三生"空间,构建兼容矩阵(胡恒等,2020);对岸线主导的沿海地区空间功能分区通过识别岸线"三生"空间类型分段管理,沿海地区"三生"空间应当与岸线"三生"空间属性一致。规划以地理信息系统和遥感技术为支撑,构建指标,进行模糊性评价(张旭等,2021)。海岸带是海陆空间共同体,需统筹开发与保护的关系。国内外对海岸带规划的研究中涉及海岸带功能分区管制的内容较少，多以海洋或陆地为研究对象，提出海洋功能分区或陆地功能分区，较少以陆海统筹为导向，统筹海洋与陆地空间。国土空间规划中陆海统筹相关研究关注具体城市的规划实践及现行规划法制体系下的政策探讨，对人海相互作用、区域空间相互作用、陆海相互作用的内在机制缺乏深入研究，亟需构建海岸带系统，探索其中自然人文系统、国土空间利用功能的协同竞争，陆海地理单元中生态、环境、经济、资源、交通的相互作用(李彦平等，2021)。因此，海陆统筹方面的研究多以治理为研究出发点，探讨政策、规划的制定及落实，肯定海陆生态系统的流通性及其相互影响，尤其是陆域对海域的影响极大(如气候变化、水体污染等)，但较少对海陆间相互作用的生态环境效应做出定量分析。现有的陆海空间治理相关研究忽视陆海空间地理单元间相互联系、相互作用、相互冲突又相互补充的复杂关系(李彦平等，2021)，引发陆海空间开发与保护活动的不协调。现有陆海评价理念准则不一致，考虑要素间相互作用关系不充分，研究仅限沿海地区陆域部分和海岛，难以满足陆海统筹战略需求(纪学朋等，2019)。

陆海统筹本质上是聚焦空间关系的治理模式，强调将陆海二元分割思维转向系统关联思维(候勃等，2022)。"三生"空间体系与双评价指南中的"城镇、农业、生态"三类本底评价对应，已有的适宜性评价集成结果在空间划分上的进度不足，陆域指标开发较少(冯佳凝等，2022)。相关部门往往缺乏整体性考量，将海洋和陆地视为两个单独单元独立规划(张晓浩等，2022)。针对海陆复合系统的一体化管制是加强陆海统筹视角下空间利用活动的基本路径。在国土空间总体规划中，统筹划定陆域"三区三线"和海洋"两空间内部一红线"，保证分区管制的统一性；在海岸带专项规划中考虑各空间功能在陆海空间的衔接性；在功能分区基础上划定陆海一体管制分区，分级管控开发利用强度规模(李彦平等，2022)。海洋"两空间内部一红线"是落实主体功能区战略的具体举措，也是对主体功能区制度体系的丰富与深化(张晓浩等，2022)。因此，将海洋"两空间内部一红线"与陆地空间中成熟的"三生"空间评价体系相结合，形成陆海一体化"三生"空间评价体系，更加全面地剖析沿海地区陆地社会经济因素、自然条件、海洋保护政策、海洋环境作用对生态环境的驱动作用，是当前研究沿海地区生态环境效应、协调完善海湾地区复合系统规划体系的重要一环。

第三章　浙江湾区生态整治、修复行动的经验

　　浙江有着丰富的海洋资源、得天独厚的自然条件，是我国的海洋大省。2017年，依据中共中央 国务院《关于加快推进生态文明建设的意见》（中发〔2015〕12号）和《国家海洋局海洋生态文明建设实施方案（2015—2020年）》（国海发〔2015〕8号）等文件精神，结合浙江实际，经省政府同意，浙江省海洋与渔业局发布《关于进一步加强海洋综合管理推进海洋生态文明建设的意见》（浙海渔发〔2017〕1号）及其政策解读，指出浙江是海洋大省，也是全国海岛最多的省份，海洋是浙江未来发展的重要空间、潜力所在和最大优势，海洋生态是浙江生态文明建设的重要组成部分。

　　浙江省委十四届七次全会要求建成"展示人与自然和谐共生、生态文明高度发达的重要窗口"，省委十四届八次全会提出"全领域、全地域、全过程、全方位加强生态文明建设，促进经济社会发展全面绿色转型，在生态文明建设方面走在前列"，为浙江省生态环境保护工作锚定全新方位。浙江美丽海湾保护与建设以习近平生态文明思想为指引，坚持生态优先、绿色发展，坚持陆海统筹、协同治理、开放发展，坚持问题导向和目标导向，继续深入打好污染防治攻坚战，系统谋划、示范先行、梯次推进，保护和建设"水清滩净、鱼鸥翔集、人海和谐"的美丽海湾，全面带动和促进我国海洋生态环境持续改善、根本好转，不断满足人民群众对优美生态环境和美好生活的需要，助力美丽中国建设。其基本要求包括海湾环境质量良好、海湾生态系统健康、亲海环境品质优良，深化巩固"五水共治"成效，推动海洋污染防治向着生态保护修复和亲海品质提升方向转变，坚持陆海统筹、系统治理，坚持"一湾一策"、各美其美，坚持保护优先、顺应自然，坚持分类实施、梯次推进，坚持公众参与、社会监督。

　　近年来，浙江以国家美丽海湾保护与建设总要求为指导方向，以重点海湾保护建设为抓手，结合近岸海域污染防治、海洋生态保护修复、海湾主体功能区建设、蓝色经济建设等工作，开展了美丽海湾的建设与保护工作并取得了显著成效，为探索美丽海湾建设路径奠定了基础并积累了相关经验，对落实国家美丽海湾保护与建设总要求有一定的示范带头作用。

第一节　政策层面的美丽海湾建设

浙江是海洋大省,海湾因其区位、环境、资源等优势,在其经济建设和社会发展中占据重要的战略地位。海湾保护与建设政策是政府制定的为实现海湾环境治理目标的文件和具体行动策略,也是各地区治理海湾的直接工具(王琪,2019)。浙江依据省内特色和优势,针对海湾发展问题,以国家美丽海湾建设相关要求和规划为指导思想,对海湾综合治理、海洋经济发展、海洋生态修复等方面制定了相关政策,建立了自上而下、部门协同的政策体系。

一、国家的美丽海湾政策

中国共产党第十八次全国代表大会以来,我国海洋生态环境保护工作取得积极成效,全国近岸海域环境质量总体改善,但一些沿海地区仍存在海岸生态空间被挤占、海洋生物多样性受损、海洋经济发展威胁海洋生态环境等现象。以美丽海湾为主线,推动海洋生态保护,切实提升人民幸福感,是"十四五"及之后一个时期海洋生态环境保护的基本考虑。中国共产党第十八次全国代表大会之后,以习近平同志为核心的党中央高度重视海洋生态文明建设,《中华人民共和国国民经济和社会发展第十四个五年规划和 2035 年远景目标纲要》(简称《纲要》)展望,到 2035 年基本实现美丽中国建设目标,提出坚持陆海统筹、人海和谐、合作共赢,协同推进海洋生态保护、海洋经济发展和海洋权益维护,加快建设海洋强国。《纲要》对打造可持续海洋生态环境、建设美丽海湾等作出重大部署,提出探索建立沿海、流域、海域协同一体的综合治理体系。加快推进重点海域综合治理,构建流域—河口—近岸海域污染防治联动机制,提升应对海洋自然灾害和突发环境事件能力,推进美丽海湾保护与建设。

生态环境部等部门依据《纲要》,联合发布《"十四五"海洋生态环境保护规划》(环海洋〔2022〕4 号)(简称《规划》),提出要构建国家、省、市、海湾分级治理格局,以"美丽海湾"为统领,扎实推动海湾生态环境质量改善,让公众享受到"水清滩净、岸绿湾美、鱼鸥翔集、人海和谐"的美丽海湾。《规划》坚持系统谋划和源头治理,坚持问题导向和精准施策,以"一湾一策"梯次推进海湾生态环境综合治理,强化"水清滩净、鱼鸥翔集、人海和谐"的美丽海湾示范建设和长效监管,切实解决老百姓强烈反映的突出海洋生态环境问题,提升公众亲海环境质量,全面带动我国海洋生态环境持续改善,提出到 2025 年,推进 50 个左右美丽海湾建设,形成包括台州湾在内的一批美丽海湾建设模范。

在陆海污染治理方面,要求陆海统筹,深入陆源入海污染源头治理,全面开展入海排污口排查整治,针对劣Ⅳ类水质分布集中的海湾(包括杭州湾、象山港在内),加强其入海河流水质综合治理;通过海水养殖、渔港渔船综合污染整治,加强海上污染分类整治;深入打好重点海域污染综合治理攻坚战,在长江口—杭州湾和珠江口邻近海域实施污染防治行动,建立健全陆海治理协调联动机制,加强入海排污口排查整治和港口环境综合整治。

为提升海洋生态系统质量和稳定性,《规划》提出保护与修复并举,坚持山、水、林、田、湖、草、沙一体化保护和修复理念,完善海洋自然保护地网络,加强对珊瑚礁、红树林、海湾、海岛等生态系统的保护,坚持陆海统筹、河海联动,以提升生态系统质量和稳定性为导向,整体推进海岸带生态保护修复,重点推动入海河口、海湾、滨海湿地、红树林、珊瑚礁、海草床等典型生态系统的保护修复和海岸线、砂质岸滩等的整治修复,并加强海洋生态保护监管,健全海洋生态预警监测体系。

增强海洋生态环境治理能力需要科技创新推动。《规划》要求创新发展海洋生态治理关键技术,加强各级政府与涉海高校、科研院所合作,推进各级创新平台、科学观测研究站建设,积极开展重点海域污染源解析治理、海湾生态环境综合治理等关键技术研究。分级推进各级监测监管机构能力建设,完善海洋生态环境监测体系,综合应用各种先进技术,打造海湾生态环境智慧监管平台。

国家级美丽海湾保护与建设相关政策作为总基础,指导各级政府贯彻执行中央、国务院各项决策部署,组织落实政策措施、重要工程举措等,加强美丽海湾建设。

二、省级美丽海湾保护与建设方案

海洋是浙江省未来发展的重要空间和最大优势。浙江依据《纲要》,针对当前重点领域改革任务艰巨、生态环境和社会治理等短板,制定《浙江省国民经济和社会发展第十四个五年规划和二〇三五年远景目标纲要》(简称《浙江纲要》),展望2035年基本实现人与自然和谐共生的现代化,美丽经济发展全面处于国内领先和国际先进水平,诗画浙江大花园全面建成,成为美丽中国先行示范区。《浙江纲要》强调以杭州湾为引领,构建"一环、一城、两区、四带、多联"的发展格局,坚持陆海统筹改善海洋环境,全面推进"美丽海湾"建设。加快建立入海河流(溪闸)主要污染物监控体系,加大入海河流(溪闸)总氮、总磷等污染物的减排力度。深入推进排海污染源规范整治,开展海水养殖、船舶、港口码头等污染治理,探索建立海上环卫制度,实现海洋垃圾治理常态化。加强海洋生态环境监测,提升海洋突发环境事故应急能力。

浙江省人民政府、省生态环境厅、农业农村厅、自然资源厅等部门以《浙江纲要》中对美丽海湾建设的重要部署和国家有关海洋生态环境、海洋经济发展规划为指导思想,制定《浙江省海洋生态环境保护"十四五"规划》《浙江省海洋经济发展"十四五"规划》《关于进一步加强海洋综合管理推进海洋生态文明建设的意见》《浙江省海岸带综合保护与利用规划(2021—2035年)》《浙江省美丽海湾保护与建设行动方案》等一系列政策文件,坚持陆海统筹、"一湾一策",协同环浙江大湾区和温台产业带建设,联动沿海大都市区建设,促进生产、生活、生态"三生"融合,构建滨海都市"美丽海湾",为国家文件中提出的针对美丽海湾建设的陆海统筹综合治理、海洋经济发展、海岸线保护与主体功能区建设、海洋生态修复、海洋科研创新等方面提供了政策指导。

(1)浙江海洋综合治理推动湾区整治

海洋综合管理能够发挥海洋资源的多种功能和综合效益,确保海洋资源开发和海洋生态修复协同发展,促进海洋生态系统的良性发展(王琪等,2019)。海湾作为海洋生态系统的子系统,其整治需要以海洋综合管理为基础。

《关于进一步加强海洋综合管理推进海洋生态文明建设的意见》(简称《意见》)对当前浙江海洋生态文明建设存在的问题进行了总结,并提出发展方向。《意见》指出,应以生态文明建设为核心,以综合统筹、协调管控为主线,围绕省委省政府关于海洋港口工作"5+1"部署,着力解决海洋环境承载力不强、海域滩涂资源储备相对不足、海岛海岸线开发与保护失衡、海洋灾害风险上升、海洋管理技术支撑薄弱等问题,强化海洋生态环境治理、优化海洋资源配置、加强海洋防灾减灾、夯实海洋基础支撑,全面提高海洋综合管理能力,为浙江从海洋大省向海洋强省转变夯实基础。为加强海洋综合管理,推进海洋生态文明建设,《意见》提出以下主要任务:提高海洋资源集约节约利用水平,加强海洋生态环境综合治理,通过优化调整产业、能源等结构,倡导绿色低碳生活方式,严格源头治理。加强固定源污染、移动源污染、面源污染等综合治理和防范,持续深化水环境治理,提升水生态健康,改善环境质量。着力补齐海洋科技创新短板,提升海洋灾害预警与防灾减灾能力,推进海洋执法体制改革与能力建设,强化区(规)划与配套制度建设。统筹推进杭州湾、三门湾、乐清湾、台州湾、温州湾和象山港等湾区水质污染治理和环境综合整治,打造蓝色海湾和千里黄金海岸带,形成环杭州湾、甬舟、温台滨海生态廊道,实现海洋环境污染整治与海洋生态保护修复有机结合。

(2)浙江海洋经济发展建设

高质量的海洋经济发展是建设海洋强省、构建浙江新发展格局的重要动力。2021年5月,浙江省人民政府印发《浙江省海洋经济发展"十四五"规划》(简称《浙江规划》),提出将"到2025年,海洋强省建设深入推进,海洋经济、海洋创新、海洋港口、海洋开放、海洋生态文明等领域建设成效显著,主要指标明显提升,全方位形成参与国际海洋竞争与合作的新优势"作为"十四五"时期浙江海洋经济发展的目标,并展望 2035 年远景目标,提出"至 2035 年,海洋强省基本建成,海洋综合实力大幅提升,海洋生产总值在 2025 年基础上再翻一番,全面建成面向全国、引领未来的海洋科技创新策源地,海洋中心城市挺进世界城市体系前列,形成具有重大国际影响力的临港产业集群,建成世界一流强港,对外开放合作水平、海洋资源能源利用水平、海洋海岛生态环境质量国际领先,拥有全球海洋开发合作重要话语权"。

具体而言,《浙江规划》要求构建"一环"引领、"一城"驱动、"四带"支撑、"多联"融合的全省全域陆海统筹发展新格局,聚力形成万亿级以绿色石化为支撑的油气全产业链集群、万亿级临港先进装备制造业集群;培育形成千亿级现代港航物流服务业集群、千亿级现代海洋渔业集群、千亿级滨海文旅休闲业集群;积极做强百亿级海洋数字经济产业集群、百亿级海洋新材料产业集群、百亿级海洋生物医药产业集群、百亿级海洋清洁能源产业集群。完善海洋经济支撑体系,深化海洋经济重大改革、打造海洋经济重大平台、创新海洋经济重大政策、建设海洋经济重大项目。同时要求加强统筹协调、落实责任分工、加强监测评估、合力营造氛围,共同保障浙江海洋经济发展。

专栏 3-1:浙江宁波、温州海洋经济发展示范区建设方案

浙江要求示范建设区深入贯彻习近平新时代中国特色社会主义思想,积极对接长三角一体化发展国家战略,强调坚持陆海统筹、创新驱动、生态优先、绿色发展,努力将示范区建设成为浙江海洋经济发展的重要增长极和海洋强盛建设的重要功能平台。

宁波海洋经济发展示范区突出现代海洋产业发展,促进海洋高端科技研发和转化,加快建设海洋绿色协调发展样板区。

温州海洋经济发展示范区突出海洋产业高端化发展、滨海城市高水平建设、海洋生态高标准保障,大力推进海岛生态文明建设,深化海峡两岸海洋经济合作,探索民营经济参与海洋经济发展新模式。

两市积极发挥主体作用,加快各平台整合提升,建立"一个平台、一个主体、一套班子、多块牌子"的体质架构。

---

(3)浙江海岸线保护和海洋主体功能区建设

海岸线具有重要的资源价值和生态功能,与沿海地区的生态安全、民生福祉密切相关。海洋主体功能区建设对推动国家空间治理能力现代化发挥了重要作用。近年来,浙江依据国家政策结合浙江海洋发展现状制定并发布多项省级政策意见。

2017 年,浙江依据国家政策制订《浙江省海岸线保护与利用规划(2016—2020年)》和《浙江省海洋主体功能区规划》,对海岸线保护利用及主体功能区划分进行具体阐述。基于 2012 年 10 月国务院批复实施的《浙江省海洋功能区划（2011—2020 年）》、2016 年 4 月国家海洋局印发的《关于全面建立实施海洋生态红线制度的意见》，以及 2017 年 1 月国家海洋局印发的《海岸线保护与利用管理办法》，2018 年，浙江海洋与渔业局发布《关于加强海岸线保护与利用管理意见》（浙海渔发〔2018〕2 号）及其政策解读，要求遵循保护优先、集约利用、科学整治、绿色生态原则，提出岸线管理的目标要求，明确海岸线管控机制，实施海岸线分类管控，提出海岸线节约集约利用的相关要求，明确自然岸线占用审核要求和程序，规范自然岸线占用整治修复行为，全面推进岸线综合整治修复，加强海岸线监督检查。《浙江省海岸带综合保护与利用规划（2021—2035 年）》指出，要筑牢海岸线生态空间本底、优化海岸带生产空间布局、完善海岸带安全体系建设。分严格保护、限制开发、优化利用三类管理海岸线两侧生态功能与生态价值，落实海岸建筑退缩线、增强海域灾害防护。针对海洋主体功能区建设，《浙江省海岸带综合保护与利用规划（2021—2035 年）》提出构建"一线串联、两域统筹、三带并举、六湾融汇、多岛联动、全域美丽"的区域空间格局，将海岸带主体功能区按照一级分类分为重点生态保护区、生态经济地区、农产品主产区、城市化优势地区、城镇化潜力地区五类并附加海洋经济地区和文化景观地区进行管理。对海域主体功能区形成海域海岛、环境生态等差异化政策导向。

（4）浙江海洋生态保护修复建设

海洋生态文明是社会主义生态文明的重要组成部分。良好的海洋生态环境是沿海区域发展的重要目标。海洋生态环境保护利于促进社会经济持续稳健发展，对于最终实现可持续发展战略目标十分重要。"十三五"规划以来，浙江污染防治攻坚战取得阶段性胜利、生态安全保障不断加强，不断推动绿色产业发展，并逐渐推动环境治理现代化。但仍存在生态环境改善成效进一步稳固、生态环境风险威胁、环境风险管控较弱等问题。

《浙江省海洋生态环境保护"十四五"规划》要求强化海洋生态保护修复监管，加快构建海洋生态系统监测监控网络，加快完善海洋生态保护修复评估体系，定期评估全省及重点区域海洋生态系统质量和稳定性。持续加强海洋自然保护地和生态保护红线监管，制定海洋生态保护修复监管办法，建立生态修复项目监管系统，对海洋生态修复实施全过程监管，落实跟踪监测和效果评估，并实施蓝色海湾精准治理、金色海滩系统修复、绿色海岛整体保护等重大海洋生态修复工程。

（5）浙江海洋科研创新、提升现代化治理能力

海洋科技创新对推动"美丽海湾"建设、提升海湾治理能力具有重要作用。为全面推进海洋治理体系现代化，《浙江省海洋生态环境保护"十四五"规划》要求坚持全面深化改革，推进数字赋能，创新管理制度，加强区域合作，加快构建现代化海

洋生态环境治理体系。以生态环境领域数字化改革为牵引,加强海洋生态环境执法和监测能力建设,推进海洋生态环境领域数字化转型。推进海洋生态环境执法规范化、标准化建设,加快高科技装备配备,构建数字执法平台。提升监测能力建设,在专用监测船舶、在线监测设施、应急监测、遥感监测等方面加大投入力度。建立完善全省近岸海域生态环境监测体系,推动海洋生态环境数字赋能。强化科技支撑,依托重点高校、科研院所,加强海洋生态环境领域技术研发能力建设,重点培养海洋生态环境领域的高层次人才。加强海洋生态安全保障与综合治理科技创新,攻关一批在海洋污染治理和生态修复领域具有核心竞争力的前沿技术,强化"美丽海湾"保护与建设的技术支撑。积极发挥国家和省级科技成果转化引导基金作用,搭建线上线下融合的产学研合作专业平台,促进重点绿色技术创新成果转化应用。

专栏 3-2:"一环"引领、"一城"驱动、"四带"支撑、"多联"融合的全省全域陆海统筹发展新格局

《浙江省海洋经济"十四五"规划》指出,要建设"一环"引领、"一城"驱动、"四带"支撑、"多联"融合的全省全域陆海统筹发展新格局。

"一环"为突出环杭州湾海洋科创核心环的引领作用,统筹环杭州湾区域城市科创人才资源、平台资源、创新能力,聚焦海洋"互联网+",发挥杭州、宁波、温州国家自主创新示范区带动作用,联合高等院校加快重大基础研究和科技攻关专项。在宁波、绍兴、舟山等地打造一批海洋新材料基地,建设一批海洋新材料"高尖精特"实验室、研发中心。

"一城"为全力打造海洋中心城市,充分发挥宁波国际港口城市的优势,以世界一流强港建设为引领,以国家级海洋经济发展示范区为重点,坚持海洋港口、产业、城市一体化推进,支撑打造世界级临港产业集群,做强海洋产业科技创新,引育一批国际知名涉海涉港高校和科研机构,联动杭州、舟山共建海洋科技创新重点实验室,打造国际海洋港航、科研、教育中心。推动高端港航物流服务业突破发展,集聚航运金融、航运交易、海事服务、法律咨询等平台机构,提升国际影响力。加强海上丝绸之路海洋事务国际合作,挖掘海上丝绸之路中的"活化石"文化,积极参与海洋领域国际标准的制定,打造国际海洋文化交流中心。联动推进舟山海洋中心城市建设。

"四带"为发展建设甬舟温台临港产业带、生态海岸带、金衢丽省内联动带和跨省域腹地拓展带。沿交通线打造产业创新轴,推动甬舟温台四地协同共建产业链、供应链、创新链,加快形成具有国内外竞争优势的产业集群、企业集群、产品集群,高水平形成具有国际影响力的临港产业发展带。协同实施生态保护修复、绿色通道联网、文化资源挖潜、生态海塘提升、乐活海岸打造、美丽经济育强六大工程,统筹建设绿色生态、客流交通、历史文化、休闲旅游、美丽经济五大廊道,率先建成海宁海盐示范段(河口田园型)、杭州钱塘新区示范段(滨海都市型)、宁波前湾新区示范段(滨海湿地型)、温州168示范段(山海兼具型)四条生态海岸带示范段,成为浙江美丽湾区的窗口。

"多联"融合为创新海洋经济辐射联动模式,加快宁波舟山港硬核枢纽力量沿义甬舟开放大通道及西延工程拓展,全面强化与金华、衢州、丽水的合作,提升金义都市区整体能级,加快建设义乌国际陆港、金华华东联运新城、金华兰溪港铁公水多式联运枢纽、衢州四省边际多式联运枢纽港,形成陆海贯通的交通物流、商业贸易、产业创新、生态文化区域新格局,成为全国海洋经济赋能区域协调发展的典型。立足长三角一体化与浙皖闽赣省际区域优势互补,以建设内陆省份新出海口为导向,进一步将海洋经济优势向内陆腹地延伸,深化与长江沿线及内陆省份的开放融合,畅通西南向联通江西、安徽、福建的综合交通廊道,以点带线,以线扩面,全面形成跨省域商贸物流网络。

三、市级美丽海湾保护与建设相关政策提出具体举措

浙江省人民政府联合各部门协同制定的有关美丽海湾建设的相关方案,为各市级美丽海湾建设提供了指导思路。各市级政府部门依据国家级和省级政策文件,结合本市海湾建设实际,制定了一系列相关政策,为"美丽海湾"建设的具体措施和重大工程举措提供政策指导。

杭州根据《中共杭州市委关于制定杭州市国民经济和社会发展第十四个五年规划和二〇三五年远景目标的建议》(简称《杭州建议》)制定《杭州市国民经济和社会发展第十四个五年规划和二〇三五年远景目标纲要》(简称《杭州纲要》),提出要改善水生态质量,持续提升"万里碧水",坚持人与自然和谐共生,建设新时代美丽中国样本。发改委和生态环境局根据《中华人民共和国环境保护法》、国家和浙江省有关规划计划、《杭州纲要》和《新时代美丽杭州建设实施纲要(2020—2035年)》,制订了《杭州市生态环境"十四五"规划》,要求实施山、水、林、田、湖、草生态保护修复,加强重要生态空间管控,筑牢生态安全屏障。

宁波依据省级美丽海湾建设方案,结合本市海洋生态环境和海洋经济发展现状,发布了《宁波市美丽海湾保护与建设实施方案》,分区分类分梯次推进宁波美丽海湾保护与建设,构建海洋经济和生态环境保护互促发展的美丽海湾建设格局,该方案提出,将强化美丽海湾试点建设示范引领作用。在梅山湾率先探索以"生态港"为名片、治理与发展互促的美丽海湾建设路径,2022年底,先行建成滨海宜居

型美丽海湾。宁波市人民政府依据浙江"十四五"规划要求，结合美丽海湾建设，从生态环境修复和海洋经济建设角度出发制订发布《宁波市生态环境"十四五"规划》《宁波市海洋经济发展"十四五"规划》，总结当前海洋生态环境治理和海洋经济发展成效和问题。《宁波市生态环境"十四五"规划》要求以"美丽海湾"建设作为海洋生态环境保护工作的主线和载体，积极开展各大保护与建设工程，海陆统筹、部门协作，综合防治陆源污染、海上作业污染和流动污染，对海湾、海岛、海岸线实施分类保护，建设生态海岸带。《宁波市海洋经济发展"十四五"规划》提出，要建设世界一流强港，构建陆海统筹发展新格局，提升海洋科研创新能力和海洋综合治理能力，促进美丽海湾建设。为促进各项目发展，宁波市发改委联合财政局发布了《宁波市海洋经济发展专项资金管理办法》，为各大海洋建设项目提供资金支持。

温州以《浙江纲要》为指导，结合温州实际，制定了《温州市国民经济和社会发展第十四个五年规划和二〇三五年远景目标纲要》，提出要促进陆海统筹，发挥温州山海资源优势，推动海港、海湾、海岛、海涂"四海联动"，有效拓展海洋发展战略空间，培育湾区经济新动能和蓝色发展新引擎，深化开展蓝色海湾整治行动，完善"三口五湾七核一带"海洋生态安全格局。温州市发改委联合市生态环境局，为高质量推进"十四五"时期水生态环境保护工作，根据国家《重点流域水生态环境保护规划》《浙江省水生态环境保护"十四五"规划》和《温州市国民经济和社会发展第十四个五年规划和二〇三五年远景目标纲要》，制订《温州市水环境生态保护"十四五"规划》《温州市海洋生态环境保护"十四五"规划》，对加强近岸海域污染治理、海洋生态修复监管、提升亲海空间品质等方面做出政策指导。

嘉兴结合其目前发展现状，根据《中共中央关于制定国民经济和社会发展第十四个五年规划和二〇三五年远景目标的建议》《中共浙江省委关于制定浙江省国民经济和社会发展第十四个五年规划和二〇三五年远景目标的建议》，制定《嘉兴市国民经济和社会发展第十四个五年规划和二〇三五年远景目标纲要》，提出加强自然岸线保护，高品质建设生态海岸带，并展望 2035 年，广泛形成绿色生产生活方式，碳排放达峰后稳中有降，生态环境根本好转，高水平建成全域秀美的美丽嘉兴，基本实现人与自然和谐共生。为进一步提升全市海洋经济综合实力和现代化发展水平，更好支撑全市迈向"海洋时代"，嘉兴市发改委依据《浙江省海洋经济发展"十四五"规划》《嘉兴市国民经济和社会发展第十四个五年规划和二〇三五年远景目标纲要》等，发布《嘉兴市海洋经济发展"十四五"规划》，坚持陆海统筹协调发展，拓展蓝色经济空间，加快构建"一港一带多片"的全市域海洋经济发展新格局，增强海洋科研创新能力，强化海洋生态保护与建设。嘉兴市发改委和生态环境局为推进嘉兴生态环境工作，根据《环境保护法》《浙江省生态环境保护"十四五"规划》《嘉兴市国民经济和社会发展第十四个五年规划和二〇三五年远景目标纲要》等，制订

《嘉兴市生态环境保护"十四五"规划》，要求加强海洋生态空间管控，强化滨海典型生态保护力度，开展海岸线整治修复工作。

为更好发挥海洋经济对诠释高质量发展的作用，台州人民政府和生态环境局根据《浙江省海洋经济发展"十四五"规划》《浙江省生态环境保护"十四五"规划》《台州市国民经济和社会发展第十四个五年规划和二〇三五远景目标纲要》（台政发〔2021〕14号）等文件，制订《台州市海洋经济发展"十四五"规划》和《台州市生态环境保护"十四五"规划》，在海洋经济方面提出构建以台州湾为主体的海洋经济发展核心区，增强湾区辐射带动作用，强化海洋创新能力培育，努力建设高质量现代海洋产业体系。为修复生态环境，《台州市生态环境保护"十四五"规划》提出要深化碧水行动，以陆海污染协同治理、沿岸生态修复扩容、公众亲海空间品质提升三大举措，推进美丽海湾建设。

绍兴以国家级和省级"十四五"规划和远景目标纲要，明确政府重点，发布《绍兴市国民经济和社会发展第十四个五年规划和二〇三五年远景目标纲要》，计划于"十四五"时期打造成为"融杭联甬接沪"、杭州湾南岸一体化发展的枢纽城市和独具江南水乡韵味、凸显全面绿色转型成效的美丽城市。为推进"十四五"时期水生态环境保护工作，根据《国家重点流域水生态环境保护规划》和《浙江省水生态环境保护"十四五"规划》《浙江省海洋生态环境保护"十四五"规划》《绍兴市国民经济和社会发展第十四个五年规划和二〇三五年远景目标纲要》，绍兴市发改委联合市生态环境局发布《绍兴市水生态环境保护暨海洋生态环境保护"十四五"规划》，提出建立海湾生态环境系统治理格局，系统谋划、梯次推进"美丽海湾"保护与建设。

第二节 行动层面的美丽海湾建设

为促进海湾转清转净、转秀转美,实现人海和谐,全力服务海洋强省和全省共同富裕示范区建设,2022 年 4 月,浙江省人民政府颁布《浙江省美丽海湾保护与建设行动方案》,将构建陆海联通美丽廊道、打造人海和谐美丽岸线、培育碧海风情美丽海域、提升美丽海湾治理能力作为重要工作任务,其中重点打造重点美丽海湾、推进重点海湾综合治理。浙江依据国家级和省级相关政策,开展海湾综合管理、陆海污染防治、海洋生态空间管控等工作,并要求采取组织推进、经费投入、评价管理、宣传引导等保障措施。

一、坚持综合管理、陆海统筹,建设“水清滩净”的美丽海湾

海湾的综合管理是以综合方法、综合观点对海湾的开发和保护进行管理的过程,浙江通过坚持陆海统筹思想保护与建设海湾,实施综合管理来确保海湾的可持续发展。

(一)形成以湾长制、河长制为核心的联动机制

湾长制是以主体功能区规划为基础,以构建长效管理机制为主线,加快建立健全陆海统筹、河海兼顾、上下联动、协同共治的治理新模式。湾长制有助于克服区域海洋治理碎片化的弊端。作为全国第一个全域湾长制试点省份,浙江积极推进河长制向海延伸,建立了“湾滩结合、全域覆盖”的组织架构,坚持在“宜湾则湾、宜滩则滩”的原则下开展工作。

为保护水环境、深化巩固“五水共治”成效、推动水污染防治向生态保护修复和亲海品质提升方向升级、建设美丽海湾,依据相关文件要求,应建立健全湾(滩)长制、河(湖)长制相关工作制度,探索实施以河(湖)、湾(滩)长制为核心的流域联动机制和部门联动机制,将美丽海湾建设政策落实到基层行动。

河(湖)长制由区治水办(河长办)健全督查帮扶机制牵头,建立完善河(湖)长履职积分和河湖健康状况相结合的在线评价机制,优化河(湖)长履职评估与考核机制,完善河(湖)长制信息化平台建设。在区治水办(河长办)的领导下,强化问题发现机制,建立动态问题库,健全问题发现、督查督办、整改落实、成效评估的闭环管理工作机制,实行靶向施策、精准治理。联合区治水办(河长办)和区科技局,健全科技创新机制,构建多部门联动、信息共享、统一管理、统一决策指挥的治水大脑,推进治污、防洪排涝、供节水“五水共治”,构建风险预警、问题发现、处理处置闭

环管理系统。区治水办(河长办)、区住建局、区农业农村局、区综合行政执法局、区生态环境分局等多部门参与,健全重点突破机制,继续深化重点片区治理模式,结合区域实际,梳理重点片区问题,进一步加强市县联动,推进重点片区治理取得实质进展。基于浙江《河(湖)长制工作规范》地方标准,由河长负责牵头组织开展包干河道水质和污染源现状调查,制定水环境治理实施方案,提升河道水质,推动落实重点工程项目,协调解决重点难点问题,做好督促检查,确保完成水环境治理的目标任务。以河道范围内污水无直排、水域无障碍、堤岸无损毁、河底无淤积、河面无垃圾、绿化无破坏、沿岸无违章为河长制的工作目标。浙江将湾长制和滩长制结合,形成统分结合、上下联动,"以湾统滩、以滩联湾",在省级、市级、县级实行湾长制,在镇、村级实行滩长制。各滩长负责巡滩、护滩、管滩,压实属地责任和监管责任,对滩涂、海上港口、入海排污口进行巡查。依据《关于全面深化推进湾(滩)长制工作的指导意见》要求,各级湾(滩)长应完善职责分工,加强对各级部门和下级湾(滩)长的检查督导,管控陆海污染物排放,强化海洋空间资源管控、加强海洋生态保护与修复、防范海洋灾害风险、强化海洋生态执法监管,并健全工作机制,加强各级湾(滩)长、河(湖)长沟通协调,建成具有巡查登记、实时监控、数据共享等功能的全省统一的湾(滩)长信息管理平台,实行各级信息互联互通。

通过建立陆海统筹的责任机制,兼顾水务部门和海洋部门,强化湾(滩)长制与河(湖)长制的机制联动,做好试点工作与主要入海河流污染治理等工作衔接,最终为建设美丽海湾奠定区域基础。

专栏 3-3:台州——"河湖长制""湾滩长制"建设经验

台州强化水环境管控,深化推进"河湖长制""湾滩长制"建设,按照"以湾统滩、以滩联湾、三湾联动、湾滩一体"的总体思路,构建人防、物防、技防相结合的水环境污染问题发现机制,探索建立跨地区、跨部门、跨领域的联控联治机制,强化水环境风险预防设施和预警机制建设,形成了一体化布局、立体化管控、差别化治理、科技化支撑、机制化保障的"五化"工作格局,全面推进河(湖)长制提档升级。推进河(湖)长制信息化建设,完善河(湖)长制信息化管理平台建设,构建河(湖)长制管理大数据体系,加强大数据的深度挖掘分析,实现智慧治水。"十三五"期间,台州努力争创美丽浙江建设台州样板,"五水共治"深度推进,生态文明体制建设走在前列,创新提出"市级牵头、双向补偿"的生态补偿办法和"水质考核+上下游补偿"的管理方式,河(湖、湾、滩、林)长制不断完善提档。环境执法监管工作继续走在前列,构建环境监管网格化体系,重拳打击环境违法行为,生态环境应急队伍和装备标准化建设逐步提升。

2018 年 1 月 29 日,台州湾(滩)长制工作会议召开,介绍台州湾(滩)长制工

作展开情况。台州市本级和沿海六县(市、区)都建立湾(滩)长制工作机构,落实县乡村三级"湾(滩)长"447人,实现了工作全覆盖。同时,各地通过试点探索抓引领、科技助推抓效率、量化考核抓落实,将"海上控、陆上查、空中巡"有机结合起来,形成许多特色亮点工作。同年8月14日,台州湾(滩)长制办公室组织召开全市湾(滩)长制工作推进会,沿海县(市、区)湾滩长制办公室分管领导和具体承担相关工作的负责人参加了会议,市海洋与渔业局副局长到会指导。台州各地严格落实年度六项重点任务,着力推进湾(滩)长制各项工作:椒江加强部门工作协调,提升工作效率;路桥在湾滩沿线安装天网工程,对海岸滩涂进行全天候监控;临海创新巡滩方式,利用无人机巡滩,在近海海域污染物排放管控、海洋空间资源管控、海洋生态保护与修复、海洋灾害风险防患、海洋生态环境执法监管等方面均取得了明显成效;温岭示范湾滩建设经验在全国现场会这个大平台进行分享;玉环以村级滩长与协管员相结合的方式落实巡滩任务;三门外聘42名巡滩员,提升了巡滩积极性,保证了巡滩质量,使问题能够及时发现并解决。

台州为深化环境管理制度改革,逐步扩大"区域环评＋环境标准"改革覆盖面。健全绿色发展激励机制,开展朱溪流域(朱溪水库)生态补偿机制研究和湿地生态补偿试点,建立健全生态补偿长效机制和多渠道生态建设资金投入机制,严格落实环境治理责任,理清各责任主体的责任边界,健全党政领导责任体系、环境治理企业主体责任体系和全民参与行动体系。坚持党政同责、一岗双责,完善绿色导向的领导责任体系和绩效考核机制。提高"管行业必须管环保、抓环保就是抓发展、谋环保就是谋未来"意识。建立环境质量综合排名和环境质量改善幅度排名制度,建立健全"河湖湾滩林长制"长效机制。落实和健全市委市政府统筹推进督察整改的领导机制和工作机制,健全环境污染问题发现机制和生态环境保护督察整改长效机制。推进环境信息依法公开制度。严格落实企业生态、污染治理修复信息公开主体责任,全面发动群众阳光监督,建立健全第三方环境监管制度,推动生态环保检查公益诉讼工作有效展开。建立健全生态环境相关的地方法规和技术规范。持续完善区域联防联控体系。推进台州域内联防联控,协同推进椒(灵)江、金清水系等重点跨县河湖水环境治理,配合建立流域跨县联防联控机制。参与建立健全长三角海洋生态环境协同保护机制,深化浙东五市生态海洋保护协议,协同推进蓝色海湾整治行动。坚持数字赋能,提升整体智治水平,提升海洋科技创新转化能力,加快海洋创新平台主体建设、海洋关键技术攻关和成果转化、海洋科技人才队伍建设,推动科研资源共享、人才培养和技术成果转化。

(二)深化"五水共治"成效,建立健全陆海污染防治体系

浙江于"十二五"时期组织开展的"五水共治"行动已具成效,一些重点水利设施建设进展顺利。《浙江省海洋经济"十四五"规划》中对健全完善陆海污染防治体系提出具体要求。一方面,加强近岸海域污染治理;加快落后船舶淘汰,推广绿色修造船;加强沿海码头环卫设施与城市污染防治设施衔接力度;实施船舶污染防治行动,建立完善船舶污染物处置体系,有效实施船舶污染物接收、转运、处置联合监管机制。另一方面,完善陆源污染入海防控机制;加强入海排污口整治提升,深入实施河长制,重点抓好陆源流域污染控制;深入推进钱塘江、曹娥江、甬江、椒江、瓯江、飞云江、鳌江等重点流域水污染防治,构建七大入海河口陆海生态廊道。实施主要入海河流(溪闸)总氮、总磷浓度控制;加快城镇污水处理设施建设与提标改造,加大脱氮除磷力度;强化畜禽养殖治理,严格执行畜禽养殖区域和污染物排放总量"双控"制度,降低农业面源污染。

在近岸海域方面,应全面落实《浙江省近岸海域污染防治实施方案》,加强近岸海域污染治理。深化市、县、乡三级全覆盖的生态环境状况报告制度,健全河(湖)长制长效机制,以化工、印染、造纸、生物医药、新材料等产业为重点,推进国科控股新材料产业链等一批循环经济典型产业链,全面推进重污染、高耗能行业清洁生产改造。加强农业面源污染治理,推进杭州湾沿岸海涂水产养殖清理工作,对入湾河流和入湾排污口组织开展直排海污染源整治行动,推进入湾河流氮磷减排工作。此外,加强海湾生态环境风险源头防控。以企业监管为落脚点,定期评估沿湾工业企业、工业集聚区环境和健康风险,落实防控措施,加强对重金属、危化品、持久性有机污染物、危险废物等相关行业的全过程风险监管,做好印染、化工行业企业环境风险防控和预警试点示范,推进重大环境风险企业投保环境污染责任险。

在陆源污染治理方面,浙江深化"五水共治"碧水行动,全域推进工业园区、生活小区"污水零直排区"建设。目前,浙江城镇污水处理厂已全部完成一级 A 提标改造,省级以上工业集聚片区全面建成污水集中处理设施。在入海氮磷控制上,实行主要入海河流(溪闸)总氮、总磷浓度控制,将入海氮磷控制纳入"美丽浙江"和"五水共治"考核,层层压实责任。采用断面控制方法实施总氮、总磷浓度控制。继续完善总氮递进式削减控制方法,以 2020 年监测值为基准,确保浓度只降不升。总磷排放浓度满足各河流(溪闸)水环境质量目标要求。分级制订并组织实施入海河流(溪闸)控制计划。对钱塘江、曹娥江、甬江、椒江、瓯江、飞云江、鳌江七条主要入海河流及四灶浦闸、长山河、海盐塘、上塘河、盐官下河、金清河网、临城河七个主要入海溪闸,持续实施总氮、总磷浓度控制。2021 年,浙江全省 158 个国控断面Ⅰ类—Ⅲ类水质比例为 96.2%,主要入海河流全部达到功能区水质目标要求,20 个主要入海河流(溪闸)控制断面总氮、总磷平均浓度同比分别下降 7%、14%,杭州

湾生态系统健康状态首次由"不健康"转为"亚健康"。到 2022 年,各地按照流域生态治理要求,制订实施辖区内其他主要入海河流(溪闸)的总氮、总磷浓度控制计划。推进入海河流(溪闸)污染物入海通量监测,逐步建立入海河流总氮、总磷监控体系,科学推进入海河流(溪闸)污染物减排。

二、坚持系统修复,建设"鱼鸥翔集"的美丽海湾生态空间

2021 年,为建设"鱼鸥翔集"的美丽海湾生态空间,浙江省人民政府办公厅印发《浙江省八大水系和近岸海域生态修复与生物多样性保护行动方案(2021—2025年)》,提出要求强化海洋生态空间管控,加强近岸海域生态保护修复和生物多样性保护工作。

(一)强化海洋生态空间管控

《浙江省海洋经济"十四五"规划》要求提升海洋生态保护与资源利用水平,优化海洋空间资源保护利用。一方面,加强海洋空间资源保护修复。坚持开发和保护并重,发挥国土空间总体规划、海岸带保护利用规划的战略引导和刚性管控作用,构建陆海一体开发保护格局。强化海洋"两空间内部一红线"管控,创新建立海洋保护协调机制,推进海域、海岛、海岸线分区分类保护与利用,支持舟山开展海岛保护与开发综合试验。坚持以自然恢复为主、人工干预为辅,深入实施海域、海岛、海岸线等生态修复。持续开展"一打三整治",加强渔场渔业资源养护。另一方面,加快历史围填海遗留问题处置。划定历史围填海区域"三生"空间,纳入省域空间治理平台,加快单独区块处理方案报批,谋划重大产业项目招引,统筹实施重大基础设施、城乡土地有机更新、全域土地综合整治与生态修复工程。实施退田还海、滨海湿地修复、海堤生态化、沙滩修复等工程,加强历史围填海生态修复。

在具体行动和主体责任方面,浙江省自然资源厅牵头,省水利厅参与,划分海洋生态和海洋开发利用空间,严格限制建设项目占用自然岸线。加强海洋生态空间保护和其他空间生态修复,对岸线资源、潮间带生态系统等海洋重大空间资源实行分类保护。加强对围填海、开采海砂等用海活动的管理,除国家批准的重大战略项目用海外,禁止新增围填海项目。省发展改革委、省自然资源厅按职责分工负责,加强近岸海域生态保护修复。深入推进生态海岸带建设,重点对功能受损的自然岸线实施修复,到 2025 年完成海岸线修复 74 千米。省水利厅牵头,省发展改革委、省自然资源厅参与,因地制宜开展海塘生态化改造。省林业和草原局负责,开展美丽生态廊道建设,强化山水林田湖海生境互联互通,到 2025 年建设美丽生态

廊道 150 万亩①。省生态环境厅负责,实施"一湾一策"治理,计划到 2025 年建成十个美丽海湾。

(二)加强近岸海域生态修复

为提高数字化监管水平,提升数字赋能生态修复和生物多样性保护能力,浙江省人民政府办公厅发布《浙江省八大水系和近岸海域生态修复与生物多样性保护行动方案(2021—2025 年)》,针对区域的自然特性,整合水生生物资源调查、水生态健康调查及地理信息等多元数据,构建生物多样性信息监管平台(省生态环境厅牵头,省自然资源厅、省大数据局等参与)。浙江制定河湖健康和河流水生态健康评价方法、近岸海域"蓝海"指数,开展定期调查评价。探索建立环境 DNA 基础数据库(省生态环境厅、省水利厅按职责分工负责)。建设海洋生态修复数字化平台,强化海洋生态修复全过程监管(省自然资源厅负责)。省林业和草原局牵头,省生态环境厅、省农业农村厅参与,加强保护地建设,因地制宜在重要水生生物产卵场、索饵场、越冬场和洄游通道等关键生境建立自然保护区、水产种质资源保护区或其他保护地,谋划浙东海洋国家公园建设方案。到 2025 年,海洋自然保护地占管辖海域面积比例将不低于 10%。省农业农村厅牵头,省科技厅参与,通过构建人工鱼礁等方式加强渔业生境修复,到 2025 年将投放人工鱼礁 20 万空立方米。

同时,《浙江省八大水系和近岸海域生态修复与生物多样性保护行动方案(2021—2025 年)》关注区域的社会属性,加强数字化生态环境执法监管。加强东海带鱼、象山港蓝点马鲛鱼等重要水产种质资源保护区的管理,强化执法检查,严格落实特别保护期禁止捕捞作业等的规定。保持对涉渔"三无"船舶、"绝户网"和涉渔违法违规行为的高压严打态势(省农业农村厅负责)。通过实行海洋综合行政执法、建立相应委托执法机制等方式,相对集中开展涉海执法监管(省自然资源厅、省生态环境厅、省农业农村厅、省综合执法办、省林业和草原局按职责分工负责)。推动制定水生态保护修复领域的地方性法规,完善野生动物保护、自然保护地保护等相关法规规章,研究修订不符合规格标准的渔具名录(省司法厅、省农业农村厅、省林业和草原局等按职责分工负责)。

(三)积极开展生物多样性保护工作

为提升数字化监管水平,提升数字赋能生态修复和生物多样性保护能力,浙江依据浙江省人民政府办公厅发布的《浙江省八大水系和近岸海域生态修复与生物多样性保护行动方案(2021—2025 年)》,针对区域的自然特性,整合水生生物资源调查、水生态健康调查及地理信息等多元数据,构建生物多样性信息监管平台。对

---

① 1 亩≈666.7 平方米

浮游植物、底栖植物等的初级生产力和浮游动物开展调查研究。评估分析珍稀濒危物种受威胁状况和增殖放流对生物多样性的影响,制订珍稀濒危水生物种名录。开展外来水生物种调查,制订外来水生物种名录。持续开展杭州湾、三门湾、乐清湾等沿海区域的水鸟同步调查。实施珍稀濒危和特有物种拯救保护。综合采取繁殖保护、亲本放归和幼鱼放流等方式,开展珍稀濒危物种专项保护,实现钱塘江松江鲈鱼和瓯江、飞云江香鱼等珍稀濒危物种种群恢复,以及八大水系倒刺鲃、赤眼鳟、鲚类等土著鱼类资源修复。由杭州海关、宁波海关负责,加强外来新物种"入口"管理,严防新的外来水生物种入侵。

此外,省农业农村厅负责,严格实施禁渔休渔制度;建立健全八大水系和近岸海域禁渔休渔制度,明确禁渔休渔范围、时间和禁止作业方式;严格管理鳗苗等具有重要经济价值的水产苗种的捕捞许可;严格执行捕捞渔船数量和功率"双控"制度,加快推进拖网、帆张网等作业渔船减船转产,逐步压减捕捞强度。到 2025 年,将压减海洋渔船数量 3000 艘、功率 30 万千瓦。省科技厅牵头,省农业农村厅参与,科学开展增殖放流。将鲚类、大眼华鳊等具有较高生态价值的土著物种苗种的人工繁育纳入科技专项;开展珍稀濒危水生野生动物人工繁育,严厉打击非法猎捕、交易、运输水生野生动物等违法犯罪行为。省农业农村厅牵头,省科技厅、省财政厅参与,优化增殖放流方式,加大近岸海域大黄鱼、曼氏无针乌贼、海蜇等主要物种的放流数量,提高八大水系鳊、鲂、鲃、鲴等土著物种的放流比例,促进代表性鱼类资源修复。实施千岛湖鱼类种群优化工程,科学调控鲢鳙鱼养殖比例和规模。到 2025 年,将设立土著鱼类种苗公司等 5~8 家,八大水系和近岸海域增殖放流苗种分别达到 20 亿、80 亿单位以上。

三、坚持数字赋能、城海相融,建设"人海和谐"的美丽海湾

(一)提升亲海空间品质

浙江积极提升亲海空间品质,加强海水浴场、滨海旅游度假区等亲海区岸滩、海面漂浮垃圾治理和入海污染源排查整治。加强海水浴场水质、赤潮灾害等监测预警,及时发布提醒信息,保障公众亲海人身安全。优化海岸带生产、生活和生态空间布局,严控生产岸线,保护生态和生活岸线。充分挖掘滨海城镇的适宜亲海区,因地制宜拓展亲水岸滩岸线,最大程度增加自然岸线和生活岸线。保留自然属性和亲海空间,保障亲海岸线的公共开放性和可达性。开展"净滩净海"行动,探索建立"海上环卫"工作机制,加强海水浴场、滨海旅游度假区等亲海区岸滩、海面漂浮垃圾治理和入海污染源排查整治。加强海水浴场水质、赤潮灾害等监测预警,及时发布提醒信息,保障公众亲海人身安全。实施海岛大花园建设,加强海岛自然景

观保护和生态系统修复,到 2025 年,将全面建成十大海岛公园。推进各类环保实践活动,优化公众亲海体验,每年组织各类海洋文化活动 20 场左右。到 2025 年,将沿海新增 4A 级旅游景区五家以上。

(二)数字赋能,提升亲海空间安全保障

唯实唯先,提升智治水平。《浙江省海洋经济"十四五"规划》要求增强海岸带防灾减灾整体智治能力。浙江构建海洋防灾减灾"两网一区"(海洋立体观测网、预警预报网和重点防御区)新格局,完善全链条闭环管理的海洋灾害防御体制机制,加密河口潮位站、海洋观测站(点)布设,提升海洋综合立体观(监)测、海洋精细化预警预报、风险识别防控、预警服务供给和整体智控等能力;构建海洋生态综合监测评价指标体系,开展海洋生态质量分级评价和分区预警,实现海岸带地区海洋灾害风险整体智治和生态减灾协同增效;加强应急搜救能力建设,健全水上突发公共事件应急管理和海洋公共安全体系,为公众提供安全保障。

第三节 公民层面的美丽海湾建设

建设"水清滩净、鱼鸥翔集、人海和谐"的美丽海湾需要社会多方面介入,应当联合社会团体、企业、群众共同参与,提高公民海洋意识,赋予公民民主权利,促进公民监督,使美丽海湾建设成为凝聚民心、反映民意的科学规划。

一、公民海洋意识提高

海洋意识是公民对海洋自然规律、战略价值的认识,且应随着海洋经济发展和开发力度的提高,协调、可持续发展是海洋建设的重要议题。公民海洋意识影响着海洋开发和保护的过程与质量。

浙江为提高公民海洋意识,大力实施海洋科普计划,发展海洋教育事业,推进海洋科普事业,启动浙江海洋科普出版物工程,与相关出版集团合作,联合出版海洋研究丛书,编制海洋科普书籍、刊物、报纸,积极举办各类海洋知识竞赛;开展"海洋科普教育基地"建设,鼓励各地已有科技馆、文化馆适当增加海洋科普内容,鼓励各地新建一批海洋主题科技馆、文化馆;利用各种载体,结合社会主义新渔村建设、海洋文化名城建设,推进海洋科普活动。开展海洋社会科学文化研究项目,开展海洋管理、海洋产业经济、海洋法学等科学研究和学术交流;支持海洋海岛历史文物遗迹发掘考察研究和海洋博物馆建设、支持地区间海洋社会科学文化及海洋经济交流合作;举办各类以海洋为主题的宣传日、科普、文化节、论坛等活动;利用广播电视、报刊、会展等多种形式,开展爱海洋宣传,增强公民海洋意识。积极引导社会力量和市场主体参与海洋发展,完善海洋文化宣传和海防教育联动机制,提高社会的海防观念和海洋意识。

浙江公民的海洋意识不断提高,许多公民作为志愿者积极参与"净滩公益活动",如乐清在西门岛海洋特别保护区开展的巡滩护滩公益活动,吸引了大量志愿者参加,对滩涂及沿岸垃圾进行清理,并检查沿岸警示牌,以实际行动打造乐清湾风景线。此外,各地市积极组建志愿服务队等民间社会组织,使公民的志愿服务意识不断增强,为美丽海湾建设供献了公众力量。

二、公民参与为美丽海湾建设献言献策

公民参与是推动社会共治的关键环节。公民参与有利于提高海洋管理的科学性和公正性,且有利于监督海洋管理人员的工作。为提升公民亲海体验,实现和谐

美、治理美的美丽海湾建设，《浙江省美丽海湾保护与建设行动方案》《浙江省海洋生态环境保护"十四五"规划》《浙江省海洋经济发展"十四五"规划》中均要求关注公众需求，构建和谐亲海格局。浙江坚持开放协作、全民共治，加强生态环境领域信息公开，以公开推动监督，以监督推动落实，引导社会公众有序参与环境决策、环境治理和环境监督，提升全民生态自觉，形成政府、企业、公众良性互动的环境共治体系。

决策信息共享是避免决策冲突、推动规划建设的有效方法。"互联网＋"时代基于大数据技术的决策共享，使公民参与公共事务包括海洋环境治理的兴趣越发高涨。浙江以"互联网＋"技术为手段，积极采取公民网络空间参与治理的海洋治理决策新模式，发挥公民主观能动性。浙江通过网上调查、民意征集等方式推动公民参与美丽海湾建设，为美丽海湾建设献言献策。省自然资源厅为推进海岸带建设积极开展了网上调查，公民积极参与，网上调查结果为浙江海岸带建设提供了良好的发展方向。

专栏 3-4　台州的公民行动

浙江台州积极探索，打造海洋塑料污染治理"蓝色循环"新模式：政府和企业协同发力，组织渔民等对海洋塑料垃圾进行回收，回收后的塑料统一转运至相关企业进行批量再生，并制作成为手机壳等高附加值产品，产品出售后的收入又反哺参与海洋塑料回收的渔民等。通过这样一个"蓝色循环"，形成了政府引导、企业主体、产业协同、公众参与的海洋塑料污染治理新模式，对于破解海洋塑料垃圾收集难、高值利用难、多元共治难等痛点堵点做了很有价值的实践探索。

三、行动社区是美丽海湾建设的基石

1992 年联合国环境与发展大会在《21 世纪议程》中提出人类社会可持续发展的基本理念，建设可持续性社区。可持续性社区是为实现永续发展目标而提出的一种现实路径，永续发展强调经济效率、环境整合和社会公平，强调三者均衡发展。

党的二十大报告提出"完善社会治理体系，健全共建共治共享的社会治理制度，提升社会治理效能"。完善的社会治理体系需要推动社会治理的重心向基层下移。近年来，国家更加关注与民生建设紧密相关的基层社会治理，而社区治理是基层社会治理的关键环节。党的十九大以来，以人民为中心的发展思想逐渐突出，在发展理念上推动城市建设从"为增长而发展"转向"以人民为中心的发展"，党中央指出"要加强社会治理制度建设，完善党委领导、政府负责、社会协同、公众参与、法治保障的社会治理体制",凸显了习近平新时代中国特色社会主义鲜明价值取向,充分说明公众参与在社会治理中发挥积极作用。社区善治通过合理的决策过程和有效的治理机制,促进社区的和谐、进步和发展。善治的本质就是广大公众共同参与社会治理过程,实现共同利益的最大化。因此,民主成为社区运转和社区秩序的核心和基础,公众参与是社区善治的基石和核心。公众不仅扮演被管理者,而且应该扮演管理者、决策者、监督者的角色,并对社区的发展和决策的质量起着至关重要的作用。因此,在社区治理中,要想实现良性的治理,实现善治,离不开社区居民主动有序地参与到社区治理中。

发挥公众参与力量,确保治理决策的合理性和可行性。公众参与能够确保治理决策的多元性和多样性,减少决策的主观性和偏颇性,使决策过程公开化、透明化,让公众了解到每一个环节的考虑和决策依据,以便更好地代表整个社区的利益,促使决策过程更具公正性和可信度。美丽海湾建设涉及经济、生态、安全、科技等多方面建设,需要各方面的专业知识和实践经验,社区居民、企业代表、环境专家等各个利益相关方的参与治理,将提供更多视角,集思广益,促进治理问题的有效解决。此外,公众是社区的直接受益者和关键执行者,对海湾城市各主体功能区社区治理的需求和实际情况了解更为深刻。公众参与可以更好地了解海湾建设的实际情况和问题,找到更为切实可行的解决方案,以符合社区的实际需求,确保治理政策得以更好地落实。

社区善治需要建立良好的沟通机制和有效的监督机制,为公众和相关利益方提供开放、透明的对话平台,充分了解公众需求,积极回应公众关切的问题,避免决策的偏颇,保证决策的合理性和可行性。美丽海湾建设过程中风险评估、污染防治、生态空间管控等相关政策的执行情况,均需要公众对政府和相关机构的行为进行监督,确保其依法行事和公正执行政策。社区公众在参与治理的过程中,扮演着监督者和监察者的角色,确保治理落地并产生预期的效果,避免权力滥用和腐败现象的发生,同时沟通各方利益,并通过有效的监督机制,建立一个健康、稳定、和谐的社区环境。

提高社区公众海洋意识,增强社区凝聚力和归属感。社区治理过程中,通过海洋主题宣传,公民的海洋意识不断提高,许多公民作为志愿者积极参与美丽海湾建设,做出具体行动,如社区污水收集处理机制、净滩护滩行动等。此外,志愿服务队等民间社区组织的建立,有利于公众的志愿服务意识不断增强,能够为美丽海湾建设增添公众力量。美丽海湾是物质基础与人民群众感知的统一,公众能够参与到美丽海湾建设的社区事务和决策过程中,将激发人们的主人翁意识和创造力,使个人成为美丽海湾建设的参与者和推动者,增强社区的凝聚力,促进社区的和谐与稳定,促使公众更加关心海湾的保护和发展,为美丽海湾建设做出贡献。

发挥"互联网＋"时代的决策共享优势。决策信息共享是避免决策冲突、推动规划建设的有效方法。美丽海湾建设过程中,需要增强社区信息化应用能力,完善网络社区构建,加强社区信息公开,并以公开推动监督,以监督推动落实,引导社区公众有序参与社区决策、社区治理和社区监督,提升全民生态自觉,形成干部、公众良性互动的共治体系。"互联网＋"时代基于大数据技术的决策共享使公众参与公共事务包括海洋环境治理的兴趣越发高涨。以"互联网＋"技术为手段,发挥社交媒介、社交平台的普及优势,积极采取公众网络空间参与治理的海洋治理决策新模式,促使发挥公众主观能动性。

构建"多元共治"的社区治理制度。社区治理制度应该贯彻社区和公众的共生共治。美丽海湾建设需要以人民为中心,依托基层网格化,联系河长制、湾长制,打造上下联通的信息沟通机制。同时,应构建完善社区规章制度,将公众纳入多元化共治体系,明确不同社区参与主体在海湾建设中的职责范围,促进有效互动和合作。

公众是绿色发展的受益者,更是生态文明的建设者,我国正不断扩大生态文明建设的群众基础,环境保护公众参与制度进一步完善,环境信息公开力度持续加大,公众参与环境决策和监督、投诉和举报环境违法行为的机制更加完善,公众环保意识不断增强,形成全民参与生态环境保护的新局面。公众参与和社会善治的协同推进,可以营造一个更加开放、透明、公正的环境,实现美丽海湾建设的可持续发展。

第四节 湾区整治、修复案例

湾区是由一个海湾或若干相连海湾、港湾、邻近海域组成的滨海区域,同时也是世界一流滨海城市的显著标志。湾区城市作为我国社会经济发展的核心区域,经济总量占全国40%以上。渤海湾、杭州湾和粤港澳湾三大湾区腹地都市圈GDP总量占全国的35%,成为引领我国经济发展的三大引擎。经济高速发展和快速城市化对湾区生态环境提出挑战。为了体现"生态优先、绿色发展"的原则,需要对湾区进行整治和修复。因此,湾区整治行动与湾区城市建设紧密联系,湾区修复与湾区城市发展并行。浙江美丽海湾建设行动以美丽廊道、美丽岸线、美丽海域、美丽海湾为重点形成美丽海湾保护与建设的布局。杭州湾大湾区以杭州、宁波两大核心,联动绍兴、嘉兴、舟山、湖州等城市,谋划实施湾区建设和整治,为浙江的发展增强了活力和竞争力。

一、美丽生态廊道建设

滨海廊道处于滨海地区和近岸城市之间的狭长地带,连接人类活动和滨海自然系统,因此美丽廊道的建设是保护和修复海湾的重要手段之一。《浙江省美丽海湾保护与建设行动方案》要求构建陆海联通的美丽廊道,提出强化联通水系生态保护、加强入海河流氮磷控制、推进陆源污染防治。浙江各市区遵循省级行动方案要求,结合境内水系现状,积极开展美丽廊道建设。

(一)联通水系,实现生态保护

河网水系与水资源和水循环密切相关,并且受人类活动的影响。联通水系对提高水资源配置能力具有重要作用。浙江位于长江中下游平原地区,河网密集,连通性强。省内的入海河流主要有七条,分别是钱塘江、曹娥江、甬江、椒江、瓯江、飞云江、鳌江,其中钱塘江、瓯江为百亿吨级河流,其余河流为十亿吨级河流,注入东海的水量非常大。浙江以这七条入海河流为重点,强化陆海生境互联互通,构建了一批陆海联通美丽廊道,丰富了生物多样性,因地制宜改善了水生态环境。

钱塘江是浙江内最大河流,流经杭州、嘉兴等地,经杭州湾注入东海,钱塘江的治理关乎浙江的生态安全和生态文明。杭州在钱塘江流域积极开展上下游水环境联合治理,实施上下游县市合理的生态补偿机制,推进钱塘江支流新安江、浦阳江的生态环境综合整治,消除流域环境安全隐患。同时巩固河道综合整治成效,重点加快汪家桥、桐庐、渔山等国控断面周边支流治理。为确保钱塘江干流水质稳定或持续改善,杭州定期开展钱塘江流域各主要干支流沿线入河排污(水)口排查工作,建立寿昌江、新桥河、东洲八号渠、萧绍河网等支流水质治理目标。按照"引得进、流得动、排得出"的要求,逐步恢复水体自然连通性,打通"断头河",并通过新建、改建、扩建闸泵配套及其设施,保障钱塘江流域沿线以及内部支流生态流量,增强水体流动性。嘉兴以打造河海贯通的碧水空间为目标,统筹推进水污染治理、水生态修复、水资源高效利用和饮用水安全维护,持续深化海洋污染防治,提升全域水生态环境质量,并启动百里钱塘综合整治提升工程,推进钱塘江蓝田庙段高滩生态整治工程等,强化水域空间管控和水系重构,进行生态修复工作,构建"水网相通、城水相依、人水相亲"的水网格局,加快推进"九水连心"、北部湖荡等综合整治。

曹娥江是钱塘江的最大支流,下游的航运能力非常强。曹娥江是绍兴最主要的河流,在绍兴境内流域范围主要包括越城区全部,新昌、嵊州、柯桥大部分,上虞部分,在新三江闸下游经曹娥江大闸汇入杭州湾。曹娥江流域一直实行流域统一管理和属地分级管理相结合的方式。流域存在个别断面逐月水质不稳定,偶有蓝藻暴发现象,下游段河道普遍直化,存在面源污染,水体整体自净能力较差,且曹娥江流域生态流量考核控制断面较少。为提高曹娥江水质和生态环境质量,绍兴在曹娥江各河段开展"污水零直排区"建设,对各闸口和排涝站进行水质监测,并在下游地区采取生活污水终端提升改造,以强化污水处理。生态修复方面,绍兴加快实施曹娥江生态文化综合整治工程、河道整治等工程,进行水系疏通、生态护岸、水质净化,在曹娥江下游开展河湖生态缓冲带修复建设和水生植被修复工作,打造生活型、生态型滨河景观带。此外,绍兴采用平原区活水工程,打通断头河,推进水系联通,提高水体流动性。2022 年,曹娥江水质状况为优,综合整治效果显著。

作为浙江八大水系之一,甬江有姚江和奉化江两个源头,于宁波镇海口流入东海。宁波地处长三角地区,大陆海岸线中段,杭州湾南翼,生态景观呈现山、水、城、田、海格局,陆海系统关联性强。甬江作为宁波市内最大的水系,支流众多,与海洋关系密切。为积极探索联通水系生态保护路径,宁波以甬江流域为主要流域,以"美丽海湾"建设作为海洋生态环境保护工作的主线和载体,增加甬江流域生态缓冲带覆盖度,实施三江干支流、主要行洪排涝河道、重要引调水通道等县级以上骨干河道的综合整治。为减少城镇污水对甬江水系的影响,采取将城镇污水处理厂互通互联,推进江北再生水厂一期、新周污水处理厂二期等新(扩)建工程,进一步提升全市域污水集中处理能力和处理效果。

全域谋海、特色引领、向海而兴。台州作为海洋大市、湾区大市,"湾、港、渔、岛、涂、能、景"七大优势资源得天独厚,是全国少有、浙江唯一拥有台州湾、三门湾、乐清湾三大海湾的沿海城市,因此联通水系治理对台州海湾生态环境十分重要。台州全域最大的河流水系是椒江,椒江是浙江第三大水系,其流域范围包括仙居、天台、临海、黄岩和椒江五个县区。近年来，为解决椒江的水量水质、水生物状况等数据问题，进一步摸清椒江水生态健康状况，台州在2021年启动了椒江水系水生态健康评价工作。台州依据《浙江省椒江流域综合规划（2020—2035年）》，对椒江流域积极开展联通水系生态保护工作。在对椒江流域开展生态保护中，台州开展各项工程设施建设，继续推进朱溪水库、方溪水库等在建工程建设，实施指岩水库、北岙水库、山兵溪水库和白溪水库；尽快实施干流河道拓浚工程、堤防工程、海塘提标工程；继续实施台州引水工程和台州南部湾区引水工程，实施长潭水库与牛头山水库联网供水工程、台州南片水资源优化利用工程，深入实施非常规水利用和农村供水保障工程；实施灌区续建配套改造、工业园区节水改造、城镇公共节水等工程；实施重点城区引配水工程、长潭水库增容清淤工程等饮用水源地达标建设工程；实施中小流域综合治理工程。椒江流域的生态系统类型以森林和农业生态系统为主，对生态系统及其完整性产生影响的规划主要为灌溉、水力发电及水土保持规划，其次为防洪和供水规划。2022年，台州全市水质状况总体评价由良好向优秀转变，椒江水系五条河段水生态健康等级均为良好。

瓯江、飞云江、鳌江三大江均流经温州。瓯江是浙江第二大江，其中下游在温州境内，经温州流入东海温州湾。飞云江是浙南独流入海水系，是温州第二大江，在瑞安注入东海，海域来沙是含沙量主要来源。鳌江的干流主要在温州平阳县内，是浙江八大水系之一，北支干流经鳌江镇注入东海。瓯江、飞云江、鳌江三大水系的生态保护工作对温州湾建设与治理至关重要。温州聚焦重点流域河流主干，积极贯彻落实省级流域横向上下游生态补偿机制，全面开展瓯江、飞云江、鳌江三大流域水生态健康评价评估，加大推进瓯江、飞云江、鳌江、温瑞塘河、瑞平塘河等重点河流廊道生态修复试点，促进河湖生态健康与美丽建设。因地制宜采取清淤治理、生态补水、曝气充氧等工程，探索运用水下森林、生态缓冲带、生态拦截沟等水生态修复措施，开展沿岸绿化及景观建设，恢复与重建河道良好生态系统。此外，温州对各岸线开展巡查摸底，动员当地群众共同推进生态建设。瓯江流域水生态环境保护以恢复流域生态环境为重点，着力开展污染减排和生态扩容，精准施治，持续改善水生态环境，在瓯江中下游通过提升河道生态缓冲带建设、截污纳管和区域再生水循环利用，解决水质不稳定达标问题。飞云江流域水生态环境保护以珊溪水库—赵山渡水库饮用水水源地保护为主要抓手，加强饮用水水源保护规范化管理，消除水源地风险隐患，水体总氮、总磷、氨氮、高锰酸盐指数等指标得到有效控制，确保饮用水水源地水质达标率持续达到100%，实现经济社会与水源保护协调发展，确保水质稳定达标并持续改善。按照河湖水生态空间管控要求，将流域防洪与生态廊道保护修复结合起来，建设生态型防洪体系。鳌江流域水生态环境保护主要建立完善流域防洪减灾、加强水资源供给和保护、水生态修复及流域综合管理四大体系,保障防洪安全、供水安全和水生态安全,以水资源可持续利用支撑流域经济社会可持续发展。

(二)加强入海河流氮磷控制,推动陆源污染防治

陆源排放对近岸海域的污染贡献高达80%,由此可见,陆源污染是海洋污染的主要来源(刘静等,2017)。入海河流作为通路,通过地表的水循环系统将流域中的污染物质输送到近海,影响海水质量。随着浙江海洋经济迅速发展,工农业废水排放增加,使得入海河流氮磷总量增加,使生物多样性减少,甚至可能引发海洋生态灾害。目前浙江各地市依据政策要求,结合当地实际,不断推进陆源污染防治,并取得一定成效。

应控制入海河流氮磷需要加强污染物入海监测,对主要入海河流和入海溪闸实施控制计划,逐步建立监控体系,确保总氮排放浓度递进式消减,总磷排放浓度达到各河流水环境质量目标要求。杭州全面实施主要入海河流钱塘江和主要入海溪闸下沙排涝闸、顺坝排涝闸总氮、总磷浓度控制计划,逐步建立入海河流总氮、总磷监控体系,科学推进入海河流(溪闸)污染物减排。温州进行入海河流(溪闸)污染物入海通量监测,逐步建立入海河流总氮、总磷监控体系,至2021年底,各河流(溪闸)总磷排放浓度达到年度水环境质量目标要求,总氮排放浓度只降不升,有效推进海洋生态环境和海岸线保护与整治修复。台州坚持陆海统筹,加强陆海污染协同治理,制定实施椒江、珠游溪、亭旁溪等主要入海河流及金清河网、百里大河、玉环湖、江厦大港等主要入海溪闸总氮、总磷控制方案,各断面总氮、总磷浓度削减量逐渐达到省市考核要求。嘉兴推进长山河、海盐塘、上塘河、盐官下河等入海溪闸氮磷控制,健全"一河一闸"污染物入海通量监测,建设"一河一闸"通量自动监测站,制订"一河一闸"的陆源污染物排海总量控制计划。绍兴逐步建立曹娥江、新东进河、团结河、滨海中心河四条入湾河流总氮、总磷监控体系,推进入湾河流(溪闸)污染物入海通量监测,做好入湾河流(溪闸)污染物减排,在现有浓度水平上逐步推进递进式削减控制。

海洋陆源污染的种类多而杂,工农业生产产生的工业污水、生活污水和农药化肥等污染物质均会威胁生态环境。为推进陆源污染防治,各市区均采取源头处理的策略,从工农业及生活污染物出发,积极推进污水排放达标。工业源头处理中,杭州严格控制上城区、萧山区、钱塘区生活源、工业源、农业源污染物排放,对陆源污染实施"三水"统筹、系统治理,深化水环境治理,狠抓工业污染长效监管,建立完善印染、造纸、化工等重点行业废水长效监管机制,加强工业集聚区污水集中处理设施运行维护管理。绍兴全面落实《浙江省近岸海域污染防治实施方案》,加强近岸海域污染治理,加快推进沿杭州湾地区化工、印染、造纸等企业转型升级。宁海为提升整体生态环境,出台《宁海县近岸海域污染防治工作任务分解和职责分工方案》，开展陆源污染防治工作，积极推进金属表面行业深化整治，对各行业进行排查，推进污水处理措施提标改造，指导县级以上城镇污水处理厂建设工作，加大城镇污水处理厂脱氮除磷力度。在农业源头处理方面，杭州强化农业源污染控制，推进畜禽养殖业排泄物生态消纳或工业化处理达标排放，加强农田尾水生态化循环利用，全面推进农田氮磷养分拦截沟渠建设，补齐农业面源污染治理设施短板。绍兴加强农业面源污染治理，推进杭州湾沿岸海涂水产养殖清理工作，对入湾河流和入湾排污口组织开展专项排查，全面开展直排海污染源整治行动。对于农业面源污染防治开展化肥农药减量增效工作，目前建设两条生态拦截，减少化肥农药流入地表径流，陆源污染防治取得一定成效。

"污水零直排区"建设采用对现有污水处理系统进行建设改造，实现各类污水处理达标。为深化污水零直排建设，杭州稳步提升水生态环境，以水生态环境质量改善为核心，以"污水零直排区"建设为主要抓手，污染减排与生态扩容两手发力，协同推进水环境治理、水生态保护、水资源利用、水安全保障和水利用效率的提升，持续提升"万里碧水"。温州洞头诸湾新建城北、布袋岙两座污水处理厂，实施城南污水处理厂清洁排放改造，新增污水日处理能力 1.68 万吨，四个街镇完成全域污水零直排建设，累计完成管网排查清疏 118 千米、改建管网 38 千米、生活小区整治41 个、企事业单位整治 49 家。强化港区污染整治，规范港区废油处置，设立废油回收点五个，完成东沙和中心渔港疏浚项目，清淤 160 万立方米，渔港环境全面改善，2021 年被评为"全国文明渔港"。

二、美丽岸线建设

岸线承载着重要的海洋资源，是发展海洋经济的重要资源，在经济、政治、社会等方面都占据重要的战略地位。浙江海岸线蜿蜒曲折，但近几年因沿岸的不合理开发利用使得海岸线环境质量遭到不同程度的破坏。为整治修复海岸线生态，更好地发挥海岸线功能，《浙江省美丽海湾保护与建设行动方案》要求打造人海和谐的美丽岸线，加快入海排污口整治提升、开展海岸线修复工程、提升亲海空间品质。浙江各市区遵循省级行动方案要求，积极打造美丽岸线。

（一）入海排污口整治

入海排污口联通陆地海洋，是污染物进入水环境的最后一道关口，对海洋水质和生态环境具有重要作用。

各市区统筹各类污染物排放信息，进行入海排污口摸底排查和监测，积极采取"一口一策"分类攻坚，为入海排污口整治积累了经验。温州开展实施入海排污口规范整治、入海河流的氮磷减排示范工程建设，以及入海河流监测能力建设等三大行动,按照"取缔一批、合并一批、规范一批"的要求完成入海排污口规范整治。其中,洞头诸湾开展入海排污口整治,开展渔村污水处理工程和入海河流综合治理工程,全面清理非法排污口和设置不合理的排污口,清零"污水直排"的入海排污口,确保全面完成排污口整治提升,实现入海排污口在线监测全覆盖,目前通过"堵、疏、纳、治"完成全部 174 个入海排污口规范化整治。台州椒江区为进一步加强入海污染治理,实地排查入海排污口,深入开展监测工作。对重要工业排口重点排查,并进行采样检测,确保两岸入海排水零污染,按照"取缔一批、合并一批、规范一批"的要求,强化入海排污口在线监测及数据联网,高水平整治入海排污口,对重点入海排污口全覆盖在线监测,并通过综合运用卫星遥感等监视监管先进手段提高智慧化分析和预警分析能力,推进全过程闭环管理,做到污染防治精准化。嘉兴依照"科学监测、分类治理"的工作思路,持续推进入海污染源监测、溯源和整治,高水平推进入海排污口整治提升,实现重点入海排污口在线监测全覆盖,预计到 2025年全面形成设置科学、管理规范、运行有序、监督常态的入海排污监管体系。

各市区健全入海排污口分类监管体系和长效管理机制。以杭州和台州为例,杭州巩固七个入海排污口规范化建设成果,建立健全排查、监测、溯源、整治工作体系,逐步实施污染物浓度、排放量同步考核,将污染物入海总量控制与主要水污染物排放总量、水功能区限制纳污总量控制全面合理衔接,制定符合实际的排放量考核目标,深化部门工作联动,探索建立排海污染物定期监督检查制度。台州持续开展沿岸入海排污染源专项排查,科学检测,落实各排污口责任归属。

(二)海岸线修复

海岸线区域具有生产力水平高、生物多样性丰富、生态环境敏感脆弱的特点,并且海岸线长期受到人类活动影响,其生态环境压力较大。浙江沿海城市不断发展、人口聚集,使海岸带地区出现了一定的自然岸线减少、生态功能退化等问题。海岸线修复是海湾建设的重要内容,浙江各市区结合海岸线生态现状,以各具特色的方式,在以下几个方面加强海岸线保护。

岸滩修复保护。岸滩对海岸带生态系统健康和景观价值具有重要影响。宁波加大沿海海岸线、海岛等生态资源的监管力度,严守海洋生态保护红线;加强自然岸线保护,按照严格保护、限制开发和优化利用三个类别,实行分类保护和利用。宁波奉化区清理岸线、进行滩面清淤和固滩工作、提高植被覆盖率,建设生态化的海岸线。石塘诸湾的海岸线独具山、海、岛、港、滩、阳光等多种滨海运动元素,依托沿海秀丽的自然风光和独特的石屋文化,加大岸滩景观化治理力度,投资 7000 万元,建设了 8000 米绿道和 600 米栈道;打造长三角地区高端海派石屋民宿群、中国海洋民宿产业示范带,现已建成精品民宿 45 家;开展沙滩修复,还原了金沙滩 1400多米原貌;完成边坡治理复绿 35 亩,减少水土流失。

生态海岸带建设。提升海岸带的生态服务功能和生态质量是进行海岸带修复的重要环节，浙江各市区积极开展各项生态海岸建设，提高海岸带生态价值。温州深入实施省级蓝色海湾整治行动、大门岛美丽海湾提升工程等，启动妩人岙、观音礁、沙枫港等安县修复工程，以岸线修复整治改善海湾生态环境质量；牢筑蓝色生态屏障，开展生态海堤建设，将硬化海堤修复成为"堤前"湿地带、"堤身"结构带、"堤后"缓冲带，完成北岙、元觉花岗、霓屿堤坝等 22 千米海岸线整治修复；建设南塘湾湿地公园，形成河海交汇生态缓冲带 24 万平方米。绍兴根据实际生态功能，坚持以自然恢复为主、人工修复相结合的方式，积极开展生态岸线修复和综合整治，探索生态海岸带对构建优质生活圈的引领作用，统筹谋划杭州湾绍兴岸段生态海岸带建设。绍兴科学设计规划生态廊道、生态湿地、生态缓冲带等生态功能设施，加强重要生态系统保护修复，落实"一条红线"管控重要生态空间，推进河（湖）滨带生态缓冲带划定及生态修复试点，实施杭州湾、白塔湖等湿地修复与提升工程，深化曹娥江、浦阳江等主要流域源头地区水土流失综合治理；强化河湖水生态修复治理，深入推进上虞区水生态示范县建设，重点实施"一江两岸"景观工程，打造曹娥江生态型、生活性滨河景观带，进一步提升上虞"江城一体"新形象；严格按照"守、退、补"原则，开展河湖岸线修复，鼓励开展河道护岸生态化建设，重点实施以流域为单元的"百河综治"工程，增加生态护岸覆盖面积，科学划定曹娥江镜岭以下的澄潭江、浦阳江干流、鉴湖等七大生态缓冲带及生态修复重点区域，全面开展曹娥江水系、浦阳江水系、鉴湖水系、绍虞平原河网生态缓冲带建设。

（三）亲海空间品质提升

海岸带作为沿海城市的形象门户，人类活动频繁，塑造以人为本的亲海空间有助于提升沿海人居环境和整体活力。

海滩作为亲海空间的重要场所，其环境对公众亲海体验影响较大，因此，浙江各市区积极开展"净滩净海"行动，对亲海区岸滩、海面漂浮垃圾进行排查整治，并建立完善相应工作机制。其中，嘉兴充分挖掘滨海城镇的适宜亲海区，因地制宜拓展亲水岸滩岸线，建设嘉兴海宁海盐段生态海岸带示范段，在公众亲海区严格落实海岸建筑退缩线制度，实施亲海区域环境综合整治，建立健全排污、保洁、道路、绿化等长效管理机制。台州进一步健全湾（滩）巡查监管制度，开展清洁海滩行动，强化综合防治和源头治理，抓好清理海漂垃圾和岸滩垃圾工作落实，提升公众亲海空间品质。如石塘诸湾以湾（滩）长制为基础，积极推进清洁海滩行动。建立健全市—镇—村三级湾（滩）长组织体系和信息化管理平台，设立湾（滩）长公示牌。设立专项资金，成立镇村两级海上保洁队伍，建立海洋垃圾清理常态化机制，将清洁海滩纳入日常巡滩工作中，发现问题及时清理，并开展"一滩一档"建档；2021年以来共劝阻渔船随意倾倒垃圾近 73 次，清理海洋垃圾 7761.8 吨，其中塑料垃圾 120 吨。

海岛花园、生态农庄、亲水环境等美丽景观建设有利于提升公众亲海的幸福感。浙江沿海海岸资源丰富并且各具特色，各市区利用当地特色海岸资源，加强自然景观保护和生态修复，并积极推出各种海洋文化活动，优化公众亲海体验。

自然景观生态修复方面，宁波以花岙岛生态岛礁建设、东门岛生态保护修复等项目作为海湾整治行动重点项目，激活千年古樟、万年石林、鹅卵石滩等资源，实施海岛植被修复、生态旅游景观修复、海洋文化保护、特色渔村修复等方面建设，以建设海岛公园，充分利用梅山湾山海、湿地、近岸蓝色海湾等特色资源，打造"帆船游艇"等亲水环境，配套中国港口博物馆等基础设施，将梅山湾建造成了滨海休闲旅游胜地，生态滨海旅游的亲海空间提升了游客旅游体验。温州依托滨海旅游岸线、滨海渔村和特色岛屿等资源，打通山海相连绿色通道网络，建设海岸生态景观大道，形成宜居宜游的魅力海岸示范带。台州利用海岸带自然景观资源，依托蓝色海湾整治行动、海洋生态保护修复等项目，开展砂砾质岸线整治与修复，立足海岛资源条件和发展基础，重点推进蛇蟠、东矶、大陈、大鹿四大海岛公园建设，打造亲海戏水的重要生态空间。绍兴以滨海新区、上虞区牵头，建设现代农业开发项目为载体，融合滨海新区曹娥江大闸风景区和海上花田旅游度假区，以点带面打造杭州湾沿线生态海岸线景观带，优化杭州湾绍兴岸段亲海空间。舟山普陀区以港为城，以海做景，依托江湾船厂拆迁旧址进行创意设计，打造了集休闲、健身、游乐于一体的江湾滨海公园；将"工业岸线"重塑为"生态岸线"，积极发展海岛公园体系，通过对沈家门港湾岸线进行岸线整治、绿化铺装等建设，打造具有海洋文化特色的景观带，截至 2022 年 7 月，8.7 千米长的滨海生态廊道串联了三个海岛生态公园、5.7 万平方米景观绿化，亲海空间品质得到了有效提升。

海洋文化活动方面，温州是典型代表，并取得了良好成效。温州不仅持续深化美丽海湾建设、蓝色海湾整治修复、美丽渔村精品工程、三大渔港业态提升等项目，提振城镇化旅游富民产业链，而且引导改善村庄风貌，挖掘渔村文化内涵，壮大未来乡村文旅产业，全域打造美丽大花园，以丰富海岛特色农渔体验为核心，发展海岛乡村和民宿集群化的旅游社区度假产业。其中，温州洞头区打造了沿海凸垄底、东岙、金岙等一批具有浓郁地域特色的海洋生态村庄，引来国际千人瑜伽盛会、国际铁人三项赛等重要活动在此举办，带动海上运动、海洋研学等新兴业态发展，促进"一产"向"三产"转变发展，进一步激发经济发展新活力，2021 年洞头诸湾接待游客 695 万人次，所有经济薄弱村全部"摘帽"。良好的生态为古渔村带来发展机遇，在严格保护 49 个古渔村的基础上，温州按照"外面越旧越好、里面越新越好、环境越美越好"的要求，创新提出包括生态环境、海洋文化等 69 项指标在内的海岛星级民宿评价标准，指导石头房进行生态化改造，推动渔家民宿集聚发展，形成 13 个精品民宿村。为打造南麂列岛诸湾高品质亲海空间,温州平阳对全岛公路改造提升,加快改造海洋科教馆、贝藻主题公园等项目建设,升级改造浙江全境解放纪念碑等人文景观,组织多项夏令营等活动,依托南麂列岛诸湾优美自然风光,大力发展生态旅游,并不断完善基础设施建设,增强南麂"最美海岛"的风情魅力,促进人海和谐美丽海湾建设。

三、美丽海域建设

海域海岛作为典型的海洋生态要素,是自然资源的重要组成部分,也是保护海洋环境、维护海洋生态平衡的重要基础。美丽海域建设对海洋经济发展、海洋生态修复具有重要作用。浙江各沿海城市遵循省级行动方案要求,从加强海上污染排放管控、实施海域海岛生态保护修复、开展海洋生物多样性保护等方面,结合当地实际,积极开展美丽海域建设工作。

(一)海上污染排放管控方面

随着浙江海洋经济的迅速增长,海域港口的吞吐量也快速增长,通航密度增加,船舶大型化、专业化趋势明显,海水增养殖设施逐渐完善,水产养殖品种逐渐增多,海水养殖业迅速发展。但与此同时,也引起船舶污染严重、溢油事故发生、海水养殖污染等问题。海上污染传播速度较快、污染控制防治有一定难度,对海上生态环境影响较大。

航行、货物装卸等过程中发生的船舶碰撞、搁浅等会产生船舶垃圾、污水,污染海上环境。据陈琼(2022)计算,船舶污染物排放在靠近海岸时比在公海时影响大。船舶污染物排放问题对环境、人类健康都会产生很大影响,因此,需要健全港口船舶污染物联合监管机制,推进沿海污染防治措施施行。宁波强化海上流动污染治理,加强船舶污染物转移处置联合监管,推进码头配套收运处置设施建设,防止违法排污和污染物接收、转运、处置过程二次污染,加强小型船舶油污水及垃圾污染治理,健全海洋垃圾治理常态化制度,探索建立海面漂浮垃圾监管处置及防控的长效机制,加强废弃物海洋倾倒监管,强化跨区域综合协调。温州开展强化近岸海域和船舶污染防治行动,深入推进港口船舶污染防治,加大船舶与港口污染问题查处与整治力度,实施船舶水污染物全过程电子化联单管理。洞头诸湾在控制船舶港口污染方面,推进港口码头船舶污染物接收处置设施建设,做好船、港、城设施合理匹配,确保污水、废弃物转运畅通;推进修造船行业整治,加强修造船行业水污染收集和处置设施建设;开展美丽渔港建设行动,推动渔港污染防治设施建设和升级改造,建立健全渔港油污、垃圾回收体系,加强渔业船舶含油污水、生活污水和垃圾的清理和处置。杭州加强港口船舶污染控制,加快港口船舶污染物接收转运处设施建设,协同推进内河货船生活污水污染防治;加强近岸海域污染防治,打赢近海海域污染防治攻坚战和杭州湾污染防治攻坚战。台州实行清淤轮疏机制,加强淤泥检测、清理、排放、运输、处置的全过程管理,推进沿海港口码头和船舶污染物接收、转运及处置设施建设,严格实施船舶水污染物接收、转运、处置联单制度。温岭以国家渔船渔港综合管理改革为引领,把加强渔船污染物治理作为打赢海洋海湾污染防治攻坚战的重要一环,积极打造"无废"湾区。《台州港总体规划(2017—2030)》结合台州港规划,提出加强污染防治减缓措施与生态修复,发展绿色平安港口,结合"山海水城"建设要求,不断提高港口资源利用水平,港区排水将逐步采用雨污分流制。雨水排放充分利用地形和临海优势,采用多出口排放,并做好废水收集处理,强化生态修复。

　　海水养殖可以充分利用和保护海洋生态资源,但海域开发布局不合理、养殖模式不科学、尾水排放不规范等问题使海水养殖污染严重,海水养殖成了近海重要的污染源(杨容滔,2023)。浙江各市区为解决海洋产业绿色化发展不充分、海域空间开发利用较为粗放等问题,积极推进生态健康养殖、严控尾水排放,建设美丽渔港。温州洞头诸湾从四个方面优化养殖海区管理,严格海水养殖尾水监管。一是集中整治养殖排口。全区水产养殖排放口,建成"沉淀过滤、生物净化、人工湿地、循环利用"等尾水治理设施五家,淘汰关停两家,转为围塘养殖七家;依托霓屿紫菜产业园建设,将十家羊栖菜和紫菜育苗场等集中整合为一家。二是制定《洞头区养殖尾水监测实施方案》,委托有资质的机构实施尾水监测工作。三是清退落后的养殖方式,在三盘港全面清退污染严重、效益低下的传统网箱6000余口,腾出海区生态发展空间,转型发展休闲渔业、海上运动、海洋研学等业态。四是积极推广配合饲料。加强配合饲料替代冰鲜小杂鱼试点示范,逐步实现配合饲料的全面替代,从源头减少渔业资源破坏和水域环境污染。台州严格实施养殖水域滩涂规划,推进渔业健康养殖示范创建,积极发展海上贝藻类等碳汇及修复性渔业,支持发展深远海智能化养殖,推进渔业转型促治水行动。为加强三门湾沿岸海域污染管控,绍兴宁海开展水产养殖污染处理,积极开展水产养殖污染尾水处理工作,调减近海过密的网箱养殖,清理不合理的海水养殖区和滩涂养殖区,已建成海水养殖塘养殖尾水处理示范点20多个。

专栏3-5:水环境治理案例——台州

　　台州推行"河湖长制"升级水环境治理工作。各县市区积极开展水环境综合治理工作,整体成效显著。2017年台州被国务院办公厅表彰为"全国环境治理项目推进快,重点区域大气、重点流域水环境质量明显改善"的四个城市之一,为全省唯一入选城市;连续七年获美丽浙江(生态省)建设考核优秀;2018年和2020年市生态环境局被表彰为全国环保系统先进集体和第二次全国污染源普查表现突出集体。全市先后斩获两次治水"大禹鼎"、一次海洋"大禹鼎";获评2019年度海洋水环境质量工作优秀市。仙居、天台先后获得国家生态文明建设示范县命名,三门、临海、玉环、黄岩获得省级生态文明建设示范市县命名。

同时,台州存在绿色发展水平有待提升、生态环境持续改善基础尚不稳固,生态环境破坏和风险隐患不容忽视、现代化环境质量体系和治理能力亟待完善等主要发展问题。《台州市生态环境保护"十四五"规划》强化水生态修复行动、美丽河湖行动、"细胞蝶变"行动等,推动水环境质量全面改善,水生态健康逐步恢复。

(二)海域海岛生态保护修复

海域海岛生态系统地理位置相对独立,生态系统特殊,易受人为活动的影响,自我调节能力有限。为促进美丽海域建设,浙江各市区加强了海域海岛保护和修复。

围填海作为开发利用海洋的重要方式,已成为沿海地区扩展空间、缓解人地矛盾的重要途径。但围填海意味着海洋生态系统会被破坏。浙江近几年努力处理好围填海历史遗留问题,各市区严格实施围填海生态修复,管控新增围填海项目,加强海洋生态空间管控。温州洞头诸湾通过严格落实围填海管控政策、严格无居民海岛开发利用落实海洋生态空间管控。台州严格落实国家围填海管控政策,对围填海历史遗留问题区域开展生态评估,推进台州循环经济产业集聚区东部新区、临海北洋涂围填海生态修复。嘉兴构筑自然保护区体系,加强海洋生态空间管控,除国家批准的重大战略项目用海外,禁止新增围填海,坚决遏制、严厉打击违法围填海行为,对近期开发条件尚不成熟的海岸带区域,坚持留白管控。此外,浙江各市区严守海洋生态红线,对不符合各类管控要求的开发利用活动采取严禁措施。杭州加强重要生态空间管控,构建"蓝心绿底、三江三脉、绿楔融城"的市域生态安全格局,实现"一条红线"管控重要生态空间,确保生态功能不降低、面积不减少、性质不改变。台州为严守海洋生态红线,强化风险防控,守牢环境安全底线,积极统筹山水林田湖草系统治理,加强自然河湖、湿地等水源涵养区空间保护,稳步实现退耕还湿、退耕还滩、退养还滩,并强化水域岸线监管,建立完善河湖水域岸线规划刚性约束、河湖水域常态化监管等河湖空间管理制度,研究制定《椒灵江岸线保护与利用规划》,严格自然岸线保护及管控岸线开发利用。

近岸海域水生态能力不足,会出现一定的富营养化等问题。浙江各市区从近岸海域出发,积极推进各项生态修复工程建设,逐渐恢复海域生态。温州依据相关文件推进河湖生态治理,探索水下森林、生态缓冲带等生态修复工程,修复恢复典型海洋生态系统,打造基于生态统筹的"蓝色生态海岸带",加强瓯江口、飞云江口和鳌江口、乐清湾等重点河口、海湾生态系统保护,积极改善海岛及周边海域生态环境,提升生态功能。台州针对当前水生态修复能力不足、近岸海域存在一定富营养化、山水林田湖草生态系统质量有待提升等问题,制定并执行《台州市生态环境保护"十四五"规划》,加大水域保护力度,严禁非法侵占水域。积极推进水生态保护修复,系统开展江河、湖泊、湿地等水体水生植被恢复,重建生物群落,构建"水下森林",开展河岸生态化建设与改造。实施"细胞蝶变"建设,开展沟道、坑塘、池塘等水系末端的"毛细血管"小微水体环境综合治理。

海岛滨海湿地位于海岛生态系统最外缘,对海岛生态系统起到保护作用。浙江各市区积极推进重要湿地建设,主要采取分类保护形式。杭州强化钱塘江流域山体、岸线、码头、沙洲、岛屿、湿地、滩涂等生态修复与提升,保护修复"万顷湿地",全面激活市域湿地资源,加快打造三品梯度"湿地群",以西湖、西溪、千岛湖为重点,突出"原生态、高品质",提升一批极品湿地;实施三江汇、湘湖、铜鉴湖、阳陂湖、南堡湿地修复,修复一批精品湿地;实施余杭北湖湿地、和睦湿地、富阳富春湾新城湿地、滨江白马湖湿地、钱塘区杭州大湾区湿地、淳安千亩田高山湿地,以及沿江、沿河、沿溪小微湿地保护工程,保护建设一批样品湿地,逐步实现湿地生态系统健康稳定,创建国际湿地城市,建设"湿地水城"。宁波对湿地进行建设,严管建设开发侵占自然湿地,确保湿地生态系统完整性;推动省级以上湿地公园提质增效,加强湿地资源修复,探索"小微湿地+"模式,提升湿地公园生态系统稳定性。推动宁波杭州湾国家湿地公园二期工程扩建,在宁波杭州湾湿地恢复重建区内建设咸水湖湿地、沼泽湿地、河流湿地和人工湿地;强化人工湿地在污水处理、水生态修复中的运用,因地制宜推进城镇污水处理厂、入库入河支流、入湖口等重要节点人工湿地建设。温州以绿色目标整治海岸环境,对滨海湿地实行分级保护,逐步恢复湿地、滩涂的净化功能,积极创建国际湿地城市。绍兴修复沿河环湖湿地生态系统。逐步推进诸暨市白塔湖国家湿地公园等五个湿地公园生态系统分级保护,推进湖库库尾、入库入河支流等敏感地区生态缓冲拦截区、入湖口、污水处理厂等重要节点生态湿地建设,维护湿地生态系统稳定性和生物多样性,恢复健康自然湿地生态空间。为统筹保护修复,提升区域生态系统品质,嘉兴依据当前生态环境问题制订并通过《嘉兴市生态环境保护"十四五"规划》,积极开展生态修复工作;开展省级以上湿地公园勘界立标和重要湿地保护绩效评价,加强对河流湿地、沼泽湿地和湖泊湿地等各种天然湿地、人工湿地的生境修复和生物资源养护,打造具有嘉兴特色的江南水乡湿地样板,持续推进水土流失预防监督管理,加强海洋生态保护与修复,以钱塘江河口湾滩涂湿地、尖山滨海湿地、南北湖等重点保护地为重点,加强沿海滩涂湿地保护和潮间带生物资源养护,逐步恢复滩涂、湿地、岛屿的净化功能。

此外,应对海岛实施整体保护。其中,温州推进典型生态系统保护,种植百亩柽柳林、千亩红树林、万亩海藻场,打造全国唯一"南红北柳"生态交错区,实施"小岛迁、大岛建"工程,实现"退人还岛",完成大瞿、南策整岛搬迁,释放海洋生态岸线13.3千米。

专栏3-6:生态修复案例城市——嘉兴

"十三五"以来,以创建国家生态文明建设示范市为契机,嘉兴市委、市政府成立"双组长"创建领导小组,市县两级成立生态文明建设示范市创建办,全力推进生态文明建设工作。2019年、2020年,嘉兴均获得美丽浙江考核优秀市称号。生态环境质量取得历史性突破,生态环境质量公众满意度大幅提升,是全省唯一连续三年实现总得分和排名"双提升"的地市。全面打赢蓝天、碧水、净土、清废"四大攻坚战",为迈入生态环境质量巩固提升持久战奠定良好基础,污染防治攻坚战取得阶段胜利。环境治理有效服务高质量发展。对全域生态环境问题开展"撒网式、聚焦式、专项式、闭环式"排查整治,创新推出"三大十招"问题发现机制,有效防范环境污染问题和生态环境风险。环境治理体系改革创新成效明显,"一会三团一中心"生态环境公众参与"嘉兴模式"被写入2016年联合国环境规划会议报告。但与此同时,"十三五"后,嘉兴生态环境保护和生态文明建设仍面临一些深层次问题,绿色低碳发展水平还需进一步提升、生态环境质量持续向好基础尚不稳固、局部区域生态环境风险仍然存在、工业固体废物监管和综合利用能力有待进一步提升、生态环保基层执法队伍打击企业违法排污等执法主业应进一步强化。

"十四五"时期,是嘉兴开启高水平全面建设社会主义现代化、高水平建设新时代美丽嘉兴的时期,生态环境保护面临重大机遇和挑战。依据《嘉兴市生态环境保护"十四五"规划》,嘉兴目标到2025年,建成国家生态文明建设示范市,基本建成美丽中国先行示范区,成为长三角生态绿色发展的示范区域、现代生态环境治理的先行标杆、全民自觉践行生态文明行为的生动榜样,助力打造共同富裕示范区的典范城市,全市主要污染物排放总量持续减少、碳排放强度持续下降、生态环境质量持续改善、生态环境安全得到有力保障,基本建成蓝绿交织、林田共生、水城共融的生态网络,高品质呈现"江南美窗口"风貌。展望2035年,嘉兴将高质量建成美丽中国先行示范区,基本实现人与自然和谐共生的高水平社会主义现代化,高标准呈现秀水泱泱、碧空湛湛、田园青青、鱼翔鸟语、绿色繁荣、诗意逸居的"江南美窗口"。

(三)海洋生物多样性保护行动

保护海洋生物多样性对建设鱼鸥翔集的美丽海湾具有重要作用。开展生物多样性监测是了解海洋生物多样性现状、为相关保护措施提供数据的重要支持。杭州全面完成西溪湿地、桐庐富春江、淳安千岛湖、临安天目山及清凉峰等重点区域的生物多样性调查,并推动完成其他区域生物多样性调查,且在省级自然保护区、森林公园、湿地等的区、县(市)建立至少一个疫源疫病监测站(点),并建立智能化野生动植物保护管理信息系统提高生物多样性监测效率。温州积极开展生物多样性调查,建立生物多样性数据库,构建海洋蓝色生态屏障,加强国家海洋公园、国家级海洋牧场、红树林湿地公园等栖息地鸟类、植被保护研究,加强外来入侵物种监测及防御措施推进互花米草防治。生物多样性监测提供了浙江各市区海洋生物质量数据,各市区依据监测结果积极进行生物多样性保护工作,挖掘生物多样性价值。杭州依法保护野生动物,严厉打击野生动物非法狩猎,依法查处野生动物及其制品非法收购、运输、出售等违规交易行为。

浙江有丰富的野生物种资源,其中保护中华凤头燕鸥、黑脸琵鹭等濒危物种是保持生物多样性的重要环节。宁波象山实施中华凤头燕鸥招引与种群恢复工作,加强生物多样性保护。温州从建设特别保护区出发,提升鸟类栖息地质量,完善沙洲湿地生态系统建设,吸引鸟类栖息。

海洋牧场通过工程手段营造适合水生生物繁衍、栖息的渔场环境,具有养护水生生物资源、提高海洋生物多样性的作用。浙江各市区采取建设国家牧场示范区、加强渔业生境修复等措施提高生物多样性。宁波积极推进海洋生态健康养殖科学规划养殖水域,以规模化养殖为重点,开展养殖尾水处理改造和在线监测,推动生态化海洋牧场建设,推动近岸海水养殖向远海转移,发展固碳净水的蓝色碳汇渔业,提高海洋环境承载力;推进渔场修复振兴行动,控制近海捕捞强度,继续加大海洋渔业资源增殖放流力度,加强渔业资源养护;深入推进象山渔山列岛国家级海洋牧场示范区及象山港海洋牧场建设,加强象山港蓝点马鲛国家级水产种质资源保护区管理。温州启动破堤通海工程,重新打通隔绝 14 年的海水通道,为瓯江口海洋洄游鱼类"让路",恢复海水交换、纳潮能力;建设国家级海洋牧场,投放人工鱼礁 3.6 万方,年增殖放流各类生物苗种 1 亿单位,修复海洋渔业资源。对南麂列岛诸湾持续开展"增殖放流""海洋牧场"等工程建设,加快建设世界生物圈保护区,目前已建成国家级海洋牧场示范区,放流 1 亿单位以上的各类渔业苗种,生物多样性保护工作取得良好成效。台州积极开展"积洛三牛"海洋牧场建设,2022 年其人工鱼礁建设面积约达 1.98 平方千米,投放人工鱼礁 10.5 万平方米,向 2025 年建设成国家级海洋牧场示范区迈进,通过开展增殖放流,实现科学管理渔业资源,改善生态环境,修复渔业资源。

红树林湿地也是众多海洋生物的栖息地,对海洋的生态平衡至关重要,对红树林生态系统的建设也有利于提高生物多样性。温州大渔湾积极开展"蓝色海湾"综合整治行动,从 2020 年起,实施红树林湿地生态系统修复工程,工程期间修复红树林宜林生境 675 亩,新增红树林 350 亩。经观测发现,红树林种植海域海洋生物数量大大增加,有多种国家二级以上保护鸟类经此迁徙,生物多样性极大改善。为促进南麂列岛诸湾生物多样性保护工作,温州平阳坚持人与自然生命共同体理念,围绕海洋贝藻类、海洋性鸟类、野生水仙花等主要保护对象开展保护与研究工作。

四、美丽海湾治理能力建设

提高海湾治理能力和治理体系现代化对促进海洋发展具有重要作用。为构建美丽海湾整体智治体系、提升海洋环境风险防控能力、推动海洋经济高质量发展,各市区依据省级行动方案要求,结合当地实际情况,积极推进智治体系建设、提高管理机制科创性,逐步提升美丽海湾治理能力。

(一)构建智治体系

随着信息技术的发展,网络化、信息化、数字化逐渐向各个领域扩展。以各类科学技术为手段服务海湾建设的海湾智治体系应运而生。数字化改革和数字政府的建设背景下,整体智治体系的建设成为了提升海湾治理能力现代化的重要举措。

为提高美丽智治体系水平,浙江各市区推进建立完善美丽海湾生态环境监测监控体系,推动完善海洋生态环境监测网络,加快沿海工业园区智能监控系统建设。宁波结合数字赋能、数字政府建设逐步推进海洋建设,推广海洋污染数字化防治应用,实现对近岸及海上严重污染海域环境质量退化海域等监控和防治管理,并以数字化改革为牵引,建设数字海洋"智慧大脑",推进生态环境领域整体智治;创新数字港航建设机制,统筹推进智慧港口、智慧口岸发展,为进一步提升美丽海湾智治水平,宁波联合科研院所,开发了海洋生态智能预警平台和海洋生物多样性数字系统提供重要技术支撑。该系统自上线预警以来,在梅山湾有效在线监测 1300 天次以上。依据《温州市海洋生态环境保护"十四五"规划》,温州加快构建海洋生态监测监控网络,定期对海洋生态系统及重点海域质量进行风险评估和监测,通过数据分析强化追根溯源、污染推演、变化复盘等技术手段,促进形成智能化生态协同治理体系。绍兴组织建立杭州湾绍兴岸段海湾环境执法队伍,建立常态巡查、定期巡查和动态巡查制度,强化网格化监测和动态监视监测,推动监测执法数字化联动,全面强化重点项目、关键环节监督检查,实施陆源污染排放、海上违法排污等全过程监管,集中整治海洋生态环境破坏等突出问题,定期公布入海排污口达标信息;着力提升海湾生态环境治理能力建设,加强与涉海高校、科研院所等的科技攻关合作,积极开展重点海域污染源解析、入海河流总氮控制等科学技术研究,建立健全海湾监测监视体系,加强四条入海河流、三个入海排污口及邻近水域在线监测,做到科学监测、分类治理。

对于海上船舶污染,浙江推广"海上云仓"船舶污染防治系统,台州是其中典型案例。台州充分运用"海洋云仓"模式,借力"物联网＋区块链"技术对污染物收集船舶、贮存设备、转运车辆、处置单位等产业链资源进行统筹优化,实现船舶污染物收集处置一站式、全流程智慧数字化治理。同时,为保障所有渔船都能及时规范地收集转运船舶污染物,台州出台"三色码"管理机制保障"海洋云仓"深入运行,对红码船舶实施重点监管。2021年台州海水水质优良率较2015年提升23.1％。此外,深化美丽渔港建设行动,推动渔港污染防治设施升级改造,逐步推广"物联网＋区块链"数字治污,建立健全渔港油污、垃圾回收体系。

完善的海洋生态生态环境监控体系需要政府的组织管理,以杭州和嘉兴为例。杭州健全服务型政府环境治理体系,加强政府的统筹协调功能,实行最严格的生态环境保护制度,探索开展排污许可证的监管、监测、监察"三监"联动试点。实施最严格的资源管理制度,落实资源有偿使用制度,完善自然资源调查、确权、监测、评价和信息共享制度,探索建立自然资源资产产权制度。落实国土空间规划和用途统筹协调管控制度。实施最严格的执法监管机制,推进"双随机、一公开"环境监管模式,深化垂直管理制度改革、综合行政执法改革,依托"基层治理四平台",健全乡镇(街道)生态环境网格化监管体系,开展专项执法、交叉执法和跨部门联动执法。建立健全生态环境问题发现机制、完善网格员环境污染问题巡查管理制度、开展环境污染风险预警评价,加强公检法联动,修订完善环保公安联动协作机制。建立健全对环评报告编制、环境检测服务、第三方环境治理等环境服务机构的监管机制,完善环境服务业惩戒和退出机制。坚持系统化、一体化理念,积极构建"大生态"智治体系。强化国家、省、市、区(县市)和各部门之间的数据共享,进一步健全生态环境全域态势感知体系,提升问题发现能力;创新建立数据一张清单、协同一套流程、应用一体联动、纵横多跨协同的工作机制和体系。嘉兴强化高效治理、引领智治水平,健全环境治理体系。推动环境污染问题主动发现,完善问题发现与整改联动机制,加强重点行业风险防控。持续推进"三大十招"平台功能完善,健全问题发现综合评价、问题发现和报告等配套制度。建立长效稳定的环境污染问题发现网络,将环境监管纳入镇(街道)、村(社区)基层治理全科网格事务管理,推进生态环境执法监管改革,加快推进沿海地区海洋综合行政执法,相对集中行使海洋和生态保护等方面的执法权。

各种监测系统的建设离不开新技术手段的应用。卫星遥感监测、大数据、云计算等新兴技术手段具有时效性强、综合性强等优点,能够提高监测的时效性和准确度,提高监测效率,在海洋领域应用广泛。温州多采用遥感监测、野外长期监控等现代科技手段,并依托物联网、时空数据分析等技术提升生态数据监测时效性,深化拓展海岸线以及海湾、红树林等典型海洋生态系统健康状况监测监控。绍兴积极推动海湾生态环境的数字化建设,建立海湾监测站点,完善监测网络,综合应用遥感监测、在线监测设施、应急监测等先进技术,以及大数据、云计算、智能化等科技手段,实现对近岸重点海湾生态环境质量状况、各类人为开发活动状况等的精细化监视监测和智慧化监管,推进海湾生态环境监管和公共服务能力整体提升。

专栏 3-7:数字赋能、绿色发展案例城市——杭州

坚持生态优先、绿色发展。在"十三五"期间,杭州以改善环境质量为目标,以重大问题为导向,以改革创新为动力,以依法严管为保障。高标准打好污染防治攻坚战,深入推进"五水共治""五气共治""五废共治",围绕蓝天、碧水、净土、清废四大保卫攻坚战,加快推进"2.0 版污水零直排"建设,不断提升环境质量和人民群众获得感。统筹推进生态文明建设,开展千岛湖临湖地带综合整治提升工作、淳安特别生态功能区建设。杭州"一江春水穿城过""三面云山一面城、一城山色半城湖"的城市景观格局得到有效保护,"城中有山、山中有城,城在林中、林在城中、湖水相伴、绿带环绕"的山水城市特色不断彰显。深入实施能源"双控"和"煤炭消费减量替代",着力推动结构调整,促进经济社会实现高质量发展。不断深化改革创新,生态环保制度日益完善。在省会城市中率先建成"国家生态市",荣获"国家生态园林城市""全国美丽山水城市"等称号。连续 5 年获得省治水考核"大禹鼎",连续 6 年获得"美丽浙江"考核优秀,连续 14 年获得"中国最具幸福感城市",成为全国唯一的"幸福示范标杆城市"。出色完成 G20 杭州峰会环境质量保障任务,成功举办联合国世界环境日全球主场活动。生态环境质量持续改善,"美丽中国"杭州样本建设扎实推进并彰显实效,"十三五"生态环境保护规划目标任务圆满完成。然而与此同时,杭州生态环境质量与人民群众的期盼还有一定差距,绿色低碳发展水平有待进一步提升,环保基础设施建设不足的问题依然存在,生态环境治理体系和治理能力亟须加强。

2021 年 11 月 5 日,杭州市生态环境局和杭州市发改委联合发布《杭州市生态环境保护"十四五"规划》(杭环发〔2021〕66 号)。杭州争当浙江高质量发展建设共同富裕示范区的城市范例,将迈入高水平建设"数智杭州·宜居天堂",加快构建"一核九星、双网融合、三江绿楔"的新型特大城市空间格局,全面开启"亚运会、大都市、现代化"的新征程。习近平总书记考察浙江时对杭州

提出了新要求："要把保护好西湖和西溪湿地作为杭州城市发展的鲜明导向，统筹好生产、生活、生态三大空间布局，在建设人与自然和谐共处、共生共荣的宜居城市方面创造更多经验。"①展望2035年，杭州经济发展质量、生态环境质量、人民生活品质将达到发达国家水平，全面实现生态环境治理体系和治理能力现代化，建成人与自然和谐共生的现代化美丽杭州。锚定2035年远景目标，到2025年，生态环境质量持续好转，进一步实现主要污染物排放总量明显减少，生态系统稳定性显著增强，人居环境进一步改善，环境管理体系、环境监管机制和行政执法体制等生态环保制度法规体系进一步完善，生态环境治理能力和治理体系现代化得到进一步提升，高水平打造现代版"富春山居图"。"西湖繁星闪烁，西溪白鹭纷飞，钱塘碧波荡漾，千岛烟波浩渺，江南净土丰饶"成为美丽杭州的生动写照。

（二）提升海洋环境风险防控能力

海洋环境风险是指由于不确定因素对海洋及周边环境产生一定影响，并可能对海洋生态系统、自然环境、人类健康造成一定损害的环境风险（赵宗金和郭仕炀，2018）。海上运输及海洋油气生产过程中，易发生操作不规范、危险品泄露、溢油事故等引起海洋环境污染的情况。浙江各市区为提升海洋环境风险防控能力，采取相应措施。

完善海洋风险防范体系，提高海洋环境风险应急处理能力。杭州加强环境风险常态化管理，系统构建"事前、事中、事后"全过程、多层级生态环境风险防范体系，健全政府、企业和跨区域流域等突发环境事件应急预案体系，推进环境应急能力建设，健全环境应急社会化支撑体系，建立健全重污染天气、饮用水水源监测预警预报和应急响应体系，建设环境应急信息管理平台，健全基层环境应急机构，提升生态环境风险应急处置能力。温州强化全程管控，全面摸排重大海洋环境风险源，系统构建分区分类的风险防控体系，严格监管重点领域环境风险和重大海洋生态灾害，加强应急响应能力建设，探索海洋生态环境损害赔偿制度建设，有效降低海洋生态环境风险，保障人民生命财产安全和海洋健康活力。嘉兴强化生态环境分区管控和风险源头排查，加强重点领域环境风险防范，全面实施以"三线一单"为核心的生态环境分区管控体系；依据政策要求全面排查海洋污染事故潜在风险，加强对杭州湾沿海环境风险较大的工业企业的环境监管，建立重大关键风险名录。

执法监管体系有利于海洋环境风险防控规范化，明确责任主体，加强风险防控成效。温州洞头诸湾持续推进海洋生态环境执法监管体系的规范化建设，合理配

---

① 出自《探索湿地保护与城市发展双赢之路》.光明网

置海洋生态环境执法监管力量,加强基层环保执法力量,健全完善巡查执法、司法保障等配套监管措施,建立海洋生态环保执法机制和队伍,不仅开展海洋环境风险源调查、监测与评估,形成海洋环境风险管控责任清单,制定分区分类的海洋环境风险管控措施,而且加强应急能力建设,形成突发事故协同处置合力,建立完善政府主导、企业参与、多方联动的应急协调机制,强化应急信息共享、资源共建共用。

完善的海洋风险防控体系需要智能化的系统辅助以提高风险防控效率。其中,嘉兴是典型代表。嘉兴为提高海洋风险防控能力,加大海上船舶污染应急能力建设,建立健全应急处置指挥和组织体系,建设杭州湾船载危化品应急设备库,加强海洋灾害预警预报能力建设,整合现有突发公共事件的监测、预测、预警等信息系统,建立海洋灾害信息共享、网络互联、科学有效的防范体系。此外,嘉兴还建设了嘉兴海洋生态环境和海洋灾害预警报警综合服务平台,推进防灾减灾和民生服务的智慧应用,加强各海洋灾害监测机构的技术合作,提高海洋预报中心实时共享系统的共建水平。

(三)推动海洋经济高质量发展

浙江各市区在现有海洋经济发展基础上,坚持生态发展,优化产业布局,建立绿色低碳产业体系,大力发展海洋现代渔业,并建立海洋特色产业基地,为推动浙江海洋经济高质量发展贡献了城市力量。

在不同海洋产业发展模式下,各市区推动海洋石化、临港制造等产业,建立绿色低碳循环发展体系。

宁波以全力建设世界一流强港为目标,巩固提升宁波舟山港国际集装箱运输主要枢纽港地位,加快推进梅山、穿山港区一体化建设,加快推进甬金铁路、六横大桥、杭甬高速复线等港口集疏运通道建设,实现铁路支线覆盖主要集装箱港区,加快建设石浦港区主航道,建设梅山集装箱自动化码头,打造智慧绿色平安港口。大力拓展港口腹地市场,加快布局建设江海联运码头,合力打造长江沿线主要港口与宁波舟山港之间的快速通道,规划布局42个内陆"无水港"及营销网络,创新"无水港"口岸监管模式,提供高效畅通的口岸服务;提升战略资源配置能力,提升油品储运能力,探索油气全产业链为核心的大宗商品投资便利化、贸易自由化,开展铁矿石、铜精矿等大宗商品的储运交易,积极谋划建设铜精矿战略储备基地,共建大宗商品期现一体化交易市场,发展国际大宗商品期货交割业务。打造现代航运服务高地,推进宁波东部新城国际航运服务集聚区建设,打造具有特色的区域性航运服务中心,建设梅山—穿山国际中转集拼基地,打造梅山国际物流产业集聚区,推进港航服务也标准和规范国际输出,制定相关国际海事规则,深化海事风险防范领域创新实践,以点带面延伸至其他长期性、关键性海洋治理议程,提升国际影响力。打造绿色石化龙头产业,做强港航物流服务业、海洋工程装备业、海洋文化旅游业、现代海洋渔业四大涉海支柱产业,培育海洋新材料产业、海洋电子信息产业、海洋生物制品和医药产业临海航空航天产业、海洋新能源产业五大涉海特色产业,做大做强宁波现代海洋产业。

台州牢牢抓住大陈岛和渔都小镇两个发展海洋经济的"主战场",发挥优势,重点突破,逐步构建符合椒江发展、具有椒江特色的现代海洋产业体系。强化"保障+",以优促优助力良好生态;优化"制度+",以点带面赋能经济发展;聚焦"监管+",以效为先提质共富生活。打造联动宁波、杭州等地的一体化发展的"1+2+N"特色海洋产业集群,增强海洋经济对外开放能力。三门湾是台州北融接轨宁波都市圈的重要枢纽区,也是浙江区域面积仅次于杭州湾的第二大海湾,区域内土地、港口和海岛旅游等资源丰富,环境承载力较全省沿海区域开发重要的价值洼地。提升三门湾在省域规划中的地位,将三门湾区域纳入省内一体化合作先行区建设,充分发挥区位优势,突破约束;加强对三门湾区域要素、开放和重大项目支持,推进三门湾开发开放,争取国家政策支持;支持三门湾港口集疏运体系建设,推进码头能级提升,发展港口、物流经济,出台矿山开发先行先试政策。

在海洋渔业方面,各市区大力发展现代海洋渔业、海洋碳汇渔业,推动海洋资源养护。台州结合《台州市生态环境保护"十四五"规划》要求,发展绿色经济,推动农业生态循环发展,积极发展渔港经济,优化水产养殖布局,推进养殖生产清洁化和产业模式生态化建设,推动省级渔业健康养殖示范县创建。温岭持续推进渔港经济区建设,结合休闲渔业、交易物流、水产加工等,推动渔船转产转业、转型升级,提高渔业附加值。在水产养殖方面,杭州发展绿色农业,高效农业,推进种养模式生态化,推广稻渔综合种养、多生态位品种混养等水产养殖生态循环模式。

海洋经济的高质量发展离不开海洋科技创新能力提升。为加快推进杭州海洋特色产业基地建设、增强海洋科技创新能力、壮大海洋经济规模、优化海洋产业结构,《杭州市海洋特色产业基地建设实施方案》(杭政办函〔2014〕135 号)提出发展目标。杭州立足海洋特色产业基地发展优势,以临港先进制造、海水淡化与综合利用、海洋科技研发等为特色,突出科技创新、体制创新,以整合海洋创新资源、集聚海洋高端产业、培育海洋龙头企业为重点,科学规划、合理布局、分步实施,力争用五年时间,建成三个海洋优势产业集聚、海洋创新要素集成、涉海重点企业集中、功能定位清晰、可持续发展能力强的海洋特色产业基地,即设杭州大江东临港装备制造基地、杭州海水淡化技术与装备制造基地、杭州海洋科技研发基地。台州突出"科技兴海",增强海洋经济发展后劲;鼓励企业以各种方式与科研机构进行联合与合作,加快建立以企业为主体的产学研相结合的海洋科技创新体系。嘉兴注重提升海洋科技创新能力,加快集聚海洋经济创新资源,着力做强嘉兴 G60 科创大走廊,加快打造一批涉海涉港高新产业载体,大力突破船舶和海洋工程装备、海洋生物技术、海水淡化等领域关键技术,支持海洋重大科技创新,并通过加快海洋产业能耗结构调整,鼓励发展低耗能、低排放的现代海洋物流业、海洋生物业等海洋战略性新兴产业,以促进海洋经济低碳发展。

专栏 3-8:产业升级示范案例

A. 临港产业驱动案例——宁波

"十三五"期间,宁波成功创建国家级森林城市和节水城市,获评国家级生态文明建设先行示范区、省级生态文明建设示范市,成为省级清新空气示范区,连续四年获得省治水"大禹鼎"。2020 年,全市海洋经济总产值达 5384.3 亿元,实现海洋生产总值 1674 亿元,宁波舟山港迈入世界一流强港行列,2020 年完成货物吞吐量 11.72 亿吨,连续 12 年位居世界第一,完成集装箱吞吐量 2872 万标箱,全球排名第三。海洋产能新旧转化,海洋新兴产业加速发展。国家级海洋经济发展示范区建设成效显著,海工装备、滨海旅游、渔港经济等六大功能区加速建设。海洋科技创新能力显著提升,拥有 18 家涉海高等院校和科研机构、3 家国家企业技术中心、15 家省级重点实验室和工程技术中心、20 家市级认定企业技术中心。海洋生态保护区面积稳步扩大,建成韭山列岛、渔山列岛 2 个国家级海洋自然保护区和象山花岙岛、渔山列岛 2 个国家级海洋公园,保护区面积达 586 平方千米。

"十三五"期间,在"国家临港重化工基地、华东地区重要能源基地"的定位和区域产业经济空间布局碎片化特征明显的整体背景下,宁波的海洋生产总值与上海、青岛、深圳等相比存在较大差距,海洋战略性新兴产业规模不大,海洋科技创新能力不足、溢出效益不明显,环境质量持续改善基础并不稳固,海洋资源利用水平不高,岸线功能布局有待进一步优化,养殖滩涂资源存在过度开发现象,生态环境安全屏障需进一步巩固,生态环境治理能力仍有短板,生态环境治理体系需进一步完善。因此,《宁波市生态环境保护"十四五"规划》和《宁波海洋经济"十四五"规划》中,有以下目标:到 2025 年,生态环境保护各项工作力争走在全国制造业发达地区前列,"美丽宁波"建设取得明显成效,基本形成节约资源和保护环境的空间格局、产业结构、生产方式、生活方式。生态环境空间管控格局更加成型,生态系统状况与服务功能稳定提升。绿色发展竞争力更加强劲,基本实现经济社会绿色、低碳、循环发展。主要污染物排放量持续削减,温室气体排放增速趋缓。生态环境更加优美,环境风险和生态安全得到有效管控。生态环境治理体系更加完善,治理能力明显提高。海洋强市建设深入推进,海洋经济综合实力、港口硬核力量、海洋科技创新能力、海洋开放水平和海洋生态文明水平明显提升,全球海洋中心城市格局初步确立。

展望 2035 年,宁波生态环境质量将达到国内领先、国际先进水平,基本实现"气质"清新、"水质"澄澈、"土质"洁净,海洋生态环境明显改观,环境风险得到全面管控,成为美丽中国先行示范区。人与自然和谐共生,生产空间集约高效,生活空间宜居适度,生态空间蓝绿交融。海洋经济综合实力大幅度提升,海洋经济生产总值在 2025 年基础上翻一番,建成世界一流强港,全球海洋中心城市挺进世界城市体系前列。深化海洋经济重大改革、打造海洋经济重大平台、创新海洋经济重大政策、建设海洋经济重大项目,构建"一城"引领、"三湾"协同、"六片"支撑、"四向"辐射的发展格局。

B. 传统产业升级改造案例城市——绍兴市

"十三五"期间,绍兴作为全浙江唯一一个传统产业改造提升试点城市,产业绿色发展成效显著。围绕治水、治气、净土、清废四大战役,生态环境质量持续改善,全力推进"污水零直排区""美丽河湖"建设,连续六年获得全省治水最高荣誉"大禹鼎",2020 年升级为大禹鼎"银鼎",绍兴治水办(河湖长办)2019年被水利部评为长江经济带全面推进河湖长制先进单位。利用活动宣传、社会宣传、信息宣传、新闻宣传等途径和公益广告、报纸电台专栏、微信微博、宣传活页等形式,宣传生态文明,倡导绿色生活方式,全面及时推进信息公开,接受公众监督,有效提升公众对生态文明建设的知晓度,生态环境公众认知度、参与度总体居全省前列,生态文明意识逐步深入人心,逐渐形成全民参与、上下一心共建美丽绍兴的良好氛围。新昌成为全省第二个获"'绿水青山就是金山银山'实践创新基地"命名和"国家生态文明建设示范县"两项"国家级双荣誉"的县,诸暨成功创建国家生态文明建设示范市,上虞、嵊州在成功创建省级生态文明建设示范区的基础上推进国家生态文明建设示范区创建,绍兴成功创建省级生态文明建设示范市,越城、柯桥积极创建省级生态文明建设示范区。绍兴生态环境局因生态环境损害赔偿制度改革工作获第十届"中华环境奖"优秀奖;绍兴入选 2018"美丽山水城市",2019 年度、2020 年度均获得美丽浙江考核优秀,被省政府评为打好污染防治攻坚战成效显著、生态环境建设指标优良的督查激励地市。然而与此同时,绍兴面临产业发展与生态环境质量持续改善、生态环境质量持续改善与改善基础不稳固、生态环境治理需求与治理体系不完善和治理能力不足的矛盾,亟须在"十四五"期间得以改进发展。

自然生态体系建设作为绍兴"十四五"时期重点任务之一,与现代产业体系、现代城市体系、城市文化体系等体系相辅相成、互为支撑,须解决现实的绿色发展问题、生态环境问题和治理体系与治理能力问题。满足人民群众日益增长的美好生态环境需求,要求水和海洋生态环境保护工作走上新台阶。"十四五"时期,绍兴为实现生态环境质量高位持续改善,以"枫桥经验"为重要支撑、以"整体智治、唯实唯先"为重要导向,突出落实国家治理和省域治理的关键性举措、引领市域治理创新性机制、支撑高水平保护的牵动性载体,提升精准治理和科学治理水平,加快实现治理体系和治理能力现代化建设。培育创新生态环境领域"枫桥经验",细化落实全市域社会治理现代化试点工作举措,积极构建"源头预防、过程控制、损害赔偿、责任追究"的现代环境治理体系。优化高标准自然生态体系,使得自然生态体系与现代产业体系、现代城市体系、城市文化体系等相辅相成,协同推进经济高质量发展和生态环境高水平保护,打造"稽山鉴水"金名片,为建设"重要窗口"贡献更多"绍兴力量",展示靓丽"绍兴风景",走出"人文为魂、生态塑韵"的城市发展之路,为全省及全国提供更多绍兴经验和绍兴样板。《绍兴市生态环境保护"十四五"规划》以生态优先、低碳发展、精准施策、系统保护、改革引领、创新驱动、全民行动、共治共享为基本原则,在"十四五"时期,率先走出"山水为体、人文为魂、生态塑韵"的城市发展之路,建成国家"无废城市"示范市和国家生态文明建设示范市,成为独具江南水乡韵味、凸显全面绿色转型成效的美丽城市。

第四章　浙江美丽海湾风险性评估与预防

第一节　浙江美丽海湾生态环境风险识别与评估

生态风险是指生态系统受到外界压力导致自身结构和过程发生改变,从而影响和弱化生态系统功能的可能性。生态风险评估是对生态系统遭受自然灾害和人类活动影响,造成不良后果可能性和危害程度的综合评判,也是一种重要的生态环境管理方式,可为区域生态保护与治理提供科学依据。

目前,生态风险评价主要有两种研究范式,即源—汇理论与景观格局,两者的核心思想均为概率与损失的综合反映。其中,基于源—汇理论的生态风险评价主要是以压力—状态—响应(PSR)、相对风险模型(RRM)和暴露—响应等模型与框架为载体,对不同空间尺度的风险源、风险受体、危害特征以及暴露—响应等要素进行综合度量和识别,但其研究时段多为截面分析,对生态风险时空演化特征缺乏探析。而基于景观格局的生态风险评价则着眼于生态系统的结构组成和格局变化与生态风险间的内在关联性特征,从格局与过程关联视角进行生态风险评价,不仅揭示了区域生态风险时空演变特征及其空间分异格局,而且对特定空间格局下的生态功能、过程的风险程度进行定量描述和空间表达,可以为区域综合风险防范提供决策依据、有效指引区域景观格局优化与管理。近年来,国内外学者对不同区域生态风险进行探讨,主要关注区域景观生态风险评价及其方法和模型,利用景观格局指数比较景观间结构特征,揭示景观生态风险时空规律,定量分析景观生态风险驱动力。如运用贝叶斯网络模型,对美国俄勒冈州森林景观进行生态风险评价;从土地利用变化和景观结构角度构建景观尺度上的生态风险指数;在景观格局指数的基础上,利用地质统计学方法探讨玛纳斯河流域的景观生态风险程度和时空分异特征。采用耦合协调度、空间自相关或地理探测器,从自然、社会经济、区域可达性角度对区域景观生态风险驱动因素进行定量评估。

海岸海湾地区是陆海交互作用的典型地区,也是人类活动最活跃最集中的地区。海岸海湾地区的生态风险评价为沿海区域生态环境保护指明落脚点。浙江海湾地区经济处于全国前列,基础设施雄厚、沿海港口众多,城市化和工业化水平高,景观格局变化剧烈,引发生态风险。研究浙江海湾地区景观格局动态变化,评价景观变化产生的生态风险,可为浙江海湾地区生态修复与治理提供理论依据。

本章以浙江海湾地区为研究区域,利用土地利用遥感监测数据及景观类型信息,构建景观生态风险指数,分析 2000—2020 年五期浙江海湾地区景观的生态风险格局演化,揭示各湾区生态风险的时空变化特征及转化趋势。

一、陆域生态风险识别与评估

(一)研究方法

1.评价单元划分

为便于后续研究的景观生态风险指数可视化表达,据研究区实际范围大小,参照已有研究,使用 ArcGIS 渔网分析工具,将研究区划分成 15 千米×15 千米的正方形网格单元,得到 280 个生态风险小区。利用 Fragstats 软件分别计算各时期网格单元的景观生态风险指数,作为生态风险小区中心点的生态风险指数,最终通过计算得到整个研究区生态风险格局分布结果。

2.景观格局分析

景观格局是形状不同、大小各异的景观斑块在特定空间范围上的自由组合和排列的过程,也是景观要素空间异质性及其生态过程相互作用的结果。景观格局指数是景观格局空间信息的数字化表达形式,也是景观格局演变信息的集中体现和高度浓缩。通过分析景观格局指数变化,能够揭示景观格局空间演变的特征和规律。本章基于景观格局指数的生态学含义,选取景观格局指数对研究区景观要素的数量、形状及其空间分布格局等特征进行分析和研究。

3.景观生态风险指数构建

本章参考前人研究成果(乔斌等,2023;高彬嫔等,2021;谢花林,2008),结合土地利用景观格局和区域生态风险之间的关系,引入景观破碎度指数(C_i)、景观分离度指数(N_i)、景观优势度指数(D_i)、景观干扰度指数(E_i)、景观脆弱度指数(F_i)构建区域景观生态风险指数(ERI)定量评估研究区生态风险。计算公式如下。

景观破碎度指数(C_i):

$$C_i = \frac{n_i}{A_i} \tag{4-1}$$

式中,n_i 为景观 i 的斑块数;A_i 为景观 i 的总面积。

景观分离度指数(N_i):

$$N_i = \frac{A}{2 A_i} \sqrt{\frac{n_i}{A}} \tag{4-2}$$

式中，A 为景观总面积。

景观优势度指数（D_i）：

$$D_i = \frac{1}{4}\left(\frac{n_i}{N} + \frac{m_i}{M}\right) + \frac{A_i}{2A} \tag{4-3}$$

式中，N 为斑块总数；M 为总样方数；m_i 为景观 i 斑块的样方数。

景观干扰度指数（E_i）：

$$E_i = a C_i + b N_i + c D_i \tag{4-4}$$

式中，a,b,c 为景观指数的权重且 $a+b+c=1$，分别赋值为 0.5，0.3，0.2。

景观脆弱度指数（F_i）：将区域景观分别赋值：建设用地 1，林地 2，草地 3，耕地 4，水域 5 和未利用地 6，并进行归一化得到各景观的脆弱度值。

利用景观干扰度指数（E_i）和景观脆弱度指数（F_i）构建景观生态风险指数，用于描述区域综合生态损失的相对大小，公式如下：

$$\text{ERI} = \sum_{i=1}^{n} \frac{A_{ki}}{A_k} \sqrt{E_i \times F_i} \tag{4-5}$$

式中，ERI 为景观生态风险指数；n 为景观类型数量；A_{ki} 为风险小区 k 中第 i 类景观类型面积，A_k 为风险小区 k 的总面积，E_i 为景观类型 i 的干扰度指数；F_i 为景观脆弱度指数。

4. 海陆间耦合协调分析

耦合协调度反映陆海系统联动程度，是陆海生态环境质量的表征。耦合协调度高值表明陆海生态、经济、资源、交通、制度等多要素相互作用强烈；耦合协调度低值则反映陆海联动作用弱，在经济发展模式、资源开发管理、生态保护行动、空间规划体系等方面缺乏协调统一。

$$C = 2\left\{\frac{L \times O}{[L + O]}\right\}^{\frac{1}{2}} \tag{4-6}$$

$$D = (C \times T)^{\frac{1}{2}}; \quad T = \alpha L + \beta O \tag{4-7}$$

式中，$C \in [0,1]$，为耦合度；L 为陆域生态环境质量指数（EV）；O 为海域生态环境质量指数（OEV）；D 为海陆生态系统间的耦合协调度，$D \in [0,1]$；T 为综合评价指数；α、β 为待定系数，为保证陆域和海域系统的统一，假设陆域系统与海域系统重要程度相当，$\alpha = \beta = 0.5$。耦合协调度 D 值越大，表明海陆生态系统状况越协调。耦合协调度评定标准与等级划分如表 4-1 所示。

表 4-1　耦合协调度等级划分表

等级	耦合协调度数值	耦合协调程度	等级	耦合协调度数值	耦合协调程度
1	0.900～1.000	优质协调	6	0.400～0.499	濒临失调
2	0.800～0.899	良好协调	7	0.300～0.399	轻度失调
3	0.700～0.799	中级协调	8	0.200～0.299	中度失调
4	0.600～0.699	初级协调	9	0.100～0.199	严重失调
5	0.500～0.599	勉强协调	10	0.000～0.099	极度失调

(二)浙江省海湾陆域地区景观生态风险评价

1 景观格局指数分析

通过 ArcGIS 10.5 和 Fragstats 4.2 及相关计算,得到 2000—2020 年浙江海岸海湾地区各景观类型的景观格局指数。结果显示,面积占比较大、景观优势度较高的农业生产用地、林地生态用地因城市化进程而受到大量侵占,景观格局趋向破碎化、分离化。农业生产用地景观破碎度和景观分离度指数分别由 0.611 增至 0.891、由 0.635 增至 0.853,年均增长率分别为 1.90% 和 1.48%;草地生态用地面积增加,景观破碎度和景观分离度指数分别从 3.773 降至 3.436、从 6.467 降至 5.827;城镇生活用地和农村生活用地面积大幅扩张,景观破碎度、分离度大幅下降,年均均下降 1.54%,景观集聚化程度提高。

林地生态用地、农业生产用地、水域生态用地的破碎度和分离度指数明显增加,由此表明这三类景观类型在分布上日趋分散化,随机散布的现象不断加剧(如表 4-2 所示)。农业生产用地优势度指数逐渐减小,景观优势性逐渐降低。而随着城市化进程的不断加快和工业化步伐的推进,建设用地面积不断增加,使得建设用地的分离度减小,优势度增加,景观类型在地域上的分布趋于集中。自然景观面积不断减少的同时,人工景观面积不断增加,由此导致了海湾地区生态风险概率不断加大。

表 4-2　2000—2020 年浙江海湾地区景观格局指数

地类	年份	景观破碎度 C_i	景观分离度 N_i	景观优势度 D_i
农业生产用地	2000	0.61122	0.63499	0.45719
	2005	0.70273	0.71462	0.43940
	2010	0.73082	0.73507	0.43429
	2015	0.83063	0.81879	0.41379
	2020	0.89107	0.85262	0.43692

地类	年份	景观破碎度 C_i	景观分离度 N_i	景观优势度 D_i
林地生态用地	2000	0.49639	0.50950	0.53679
	2005	0.50719	0.51685	0.53483
	2010	0.53131	0.52943	0.53363
	2015	0.55737	0.55325	0.51611
	2020	0.58935	0.56762	0.54147
草地生态用地	2000	3.77294	6.46670	0.22549
	2005	3.59950	6.34200	0.22441
	2010	3.60770	6.33490	0.22345
	2015	3.17630	5.51578	0.22760
	2020	3.43592	5.82731	0.23593
城镇生活用地	2000	0.58367	2.49275	0.13854
	2005	0.38324	1.43431	0.15280
	2010	0.42810	1.50627	0.15430
	2015	0.63303	1.65811	0.16532
	2020	0.61291	1.59896	0.16503
农村生活用地	2000	8.74840	7.99774	0.26674
	2005	6.94208	6.40601	0.27040
	2010	6.96642	6.35407	0.26829
	2015	6.39627	5.64818	0.28085
	2020	5.74535	5.21702	0.31307
水域生态用地	2000	1.20168	2.36338	0.21165
	2005	1.37969	2.49048	0.21775
	2010	1.48366	2.58062	0.21811
	2015	1.32808	2.33561	0.22667
	2020	1.54300	2.54298	0.24451

2. 景观生态风险格局演变

利用 ArcGIS 10.5 软件的地统计分析模块,对 2000 年、2005 年、2010 年、2015 年、2020 年的景观生态风险指数进行克里金插值。为了便于比较浙江海湾区域各个不同时期的 ERI 的大小变化情况,在此采用相对指标法对风险小区的生态风险指数进行自然断点等距划分,共分为五个等级:低生态风险区(ERI<1.018),较低

生态风险区(1.018≤ERI<4.014)、中生态风险区(4.014≤ERI<12.830)、较高生态风险区(12.830≤ERI<38.773)、高生态风险区(ERI≥38.773)。

浙江海湾地区生态风险呈现南北高、中部低的分布格局。2000—2010年,生态风险区以较高、中生态风险区为主;2010—2015年较低生态风险区、高生态风险区面积扩张,生态风险分布格局差异化程度加大;2015—2020年,较低生态风险区面积下降,较高生态风险区面积进一步增长。总体来看,浙江低、较低、中生态风险区面积下降,较低生态风险区面积下降幅度最大,下降幅度为40%。而较高生态风险区面积上升,上升幅度为50%。2000—2020年,生态风险区以中生态风险区为主,较高生态风险区面积扩张,表明浙江海岸海湾区域生态风险存在上升趋势。较高生态风险区的空间位置变动主要表现为向陆侧后退扩展的趋势,侵占了生态风险等级相对较低的区域,这一变化在浙江海湾陆域中部尤为明显。其主要原因是由于城市化和工业化的不断推进,人类活动对坡度较缓的山地以及山麓地带的林地、草地开垦加剧,而开垦后以生态风险脆弱度指数较高的耕地及建设用地景观替代了原来的林地景观,导致生态风险等级不断提高。

浙江海岸海湾区域生态风险高值区主要以宁波—杭州湾为中心。该区域经济活动强度大,人类活动程度高,地形以平原为主,城镇及工业交通用地分布广泛,故斑块分离度和破碎度较大,生态风险集聚。杭州湾南岸区域由于滩涂的不断淤积,大量的海域被滩涂及养殖用地所占据,破碎度和优势度逐渐减小,景观ERI增加。2020年,生态风险高值区扩散到象山港区域。区域生态风险高值区主要集中分布在沿海港口城市,并逐渐向周围扩张,生态风险正在加深。

生态风险低值区主要分布在浙江海湾区域中西部,包括宁波宁海、台州市、温州永嘉、乐清一带。这些地区林地及耕地景观类型分布较广,故生态风险程度相对较低。从瓯江口至飞云江口附近的温州区一带,由于平原地区耕地的不断开垦利用,建设用地面积的增加,导致景观破碎度和分离度增加,加大了生态风险指数。

浙江海湾地区呈现较高生态风险区扩张、较低生态风险区缩减的景观生态风险演变特征,在空间上尤以杭州湾南岸、三门湾两侧以及台州临海至温岭东部沿岸地区的平原地带最为明显。原因主要是沿海区段岸线均以淤泥质岸线为主,海域面积辽阔,海洋渔业资源发达,随着近十年来社会经济的不断发展,外加浙江强调重视海洋经济,更多淤泥质海域以及内陆耕地被围垦为水塘,进行淡水、咸水的水产养殖活动。在此过程中,由于养殖水塘存在渔民个人围垦,因此缺乏适宜的整体部署规划和统筹安排,呈小规模零散状分布,经济效益低下,占据大量耕地、滩涂及海域,景观生态脆弱度、破碎度及分离度均有所增加,区域生态风险程度加深。为此,在城市化进程过程中,应从整体出发,重视政府规划部门的统筹规划,有组织、有计划、因地制宜地发展工农业生产,以此来实现经济增长和生态环境保护的协调发展。

二、海域生态风险识别与评估

1.杭州湾

（1）水文特征

钱塘江径流量偏少、海湾特殊的喇叭状地形、大潮差和频繁的潮涨潮落，以及近海环流的共同作用，使得湾区近岸海域水体稀释能力减弱，是污染物易于富集且难以扩散的主要原因（王颖等，2011；刘光生，2013）。

杭州湾区近岸海域外宽内窄，呈典型的喇叭状。由于河流上游的径流量越大，对水体的稀释作用越强，下游和河口水体的水质就越好，而钱塘江偏少的径流量导致了河口水体的稀释作用较差，不利于水体中污染物的稀释扩散，这是导致钱塘江河口水体水质较差的重要因素。由于钱塘江口是典型的强潮河口，喇叭口特征和紧邻东海使得湾区近岸海域进出潮量大，潮流急促，潮位高，潮差较大。杭州湾区近岸海域水位每日两涨两落，是我国潮差最大的海域之一，大潮差和频繁的潮涨潮落延长了水体交换时间，钱塘江水体半交换时间为50～90天，水体半交换时间要比胶州湾、大连湾长一倍以上，导致了杭州湾区近岸海域水体环境容量较小，更易造成污染（曹飞凤等，2020）。

（2）海水质量状况

杭州湾区近岸海域属于我国污染极为严重的海域之一，湾区多年水质均劣于第Ⅳ类海水水质标准，主要超标污染物为无机氮、活性磷酸盐、化学需氧量（COD），其沉积物质量指标为优良，而海域生物质量状况总体较差。与国内其他主要海湾相比，杭州湾区近岸海域具有透明度低、盐度低、无机氮高、活性磷酸盐高等显著特点。

从杭州湾区近岸海域来看，近年来无机氮、活性磷酸盐的年平均含量变化趋势如图4-1所示。湾区近岸海域无机氮的年平均含量变化范围为1.49～1.94mg/L。2013年，无机氮含量有所下降，而2014年、2015年又持续上升到达峰值后，从2016年开始有所下降，虽在2018年含量有所上升，但总体仍呈现较平缓的下降趋势。2011—2018年，湾区无机氮年平均含量均超过第Ⅳ类海水水质标准0.5mg/L。由此看出，无机氮超标是导致湾区污染严重的主要原因之一。

湾区近岸海域活性磷酸盐的年平均含量变化范围为0.044～0.062mg/L，其中2011年为最小值，2014年为最大值。2011年活性磷酸盐含量是近年来唯一达到Ⅳ类海水水质标准的一年，从2012年起，活性磷酸盐含量逐年上升。2017年，活性磷酸盐含量明显有所下降，但2018年再次出现大幅上升的情况。2012—2018年，湾区活性磷酸盐年平均含量均超过Ⅳ类海水水质标准0.045mg/L。因此，活性磷酸盐超标问题依旧需要重视，这也是导致湾区污染严重的主要原因之一。

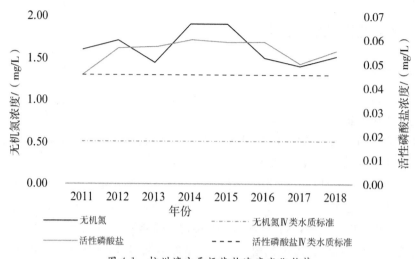

图 4-1　杭州湾主要污染物浓度变化趋势

注：数据由浙江省舟山海洋生态环境监测站提供

　　杭州湾区近岸海域富营养化状况如图 4-2 所示。湾区近岸海域整体均处于重度富营养化状态，富营养化指数的年平均含量变化范围为 37.46～71.41，其中2011 年为最小值，2014 年为最大值。2011—2014 年富营养化指数持续上升，2015—2017 年富营养化指数下降，但于 2018 年出现明显回升。总体来看，2011—2018 年，富营养化指数年平均值会有较为缓慢的下降趋势，但均超过重度富营养化限制值 9，且均为 4 倍以上。杭州湾区近岸海域多年处于极为严重的富营养化状态。

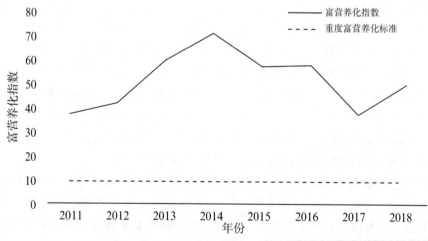

图 4-2　杭州湾区近岸海域富营养化状况

注：数据来源于《中国近岸海域生态环境质量公报》

2011—2018 年,杭州湾区海湾生物多样性状况不佳。2018 年夏季共鉴定出浮游植物 32 种,较多年平均值有所下降,夏季优势种为琼氏圆筛藻、虹彩圆筛藻,浮游植物密度为 55×10^4 个/米^3,多样性指数年平均值为 1.97,高于多年平均的 1.73,生境质量等级为差;鉴定出浮游动物 48 种,较多年平均值有所下降,夏季优势种为虫肢歪水蚤和刺尾纺锤水蚤,浮游动物密度为 201 个/米^3,多样性指数为 1.86,低于多年平均值的 2.24,表现出生物种类单一但数量较大的特点,生境质量等级为一般;鉴定出大型底栖动物 11 种,低于多年平均值,夏季优势种为不倒翁虫,底栖生物密度为 4.6 个/米^3,年际间波动较大,且生物量较少,多样性指数为 0.36,略高于多年平均的 0.22,生境质量等级为极差。杭州湾区近岸海域生物状况表现为物种数量较少但总体数量较大,年际间波动也较大,海水富营养化严重,浮游动物密度过低,生物量过高,底栖动物密度和生物量过低,鱼卵仔鱼密度过低,生物生存状况较为恶劣。

(3)陆源入海污染状况

杭州湾区近岸海域陆源污染主要包括来自以入海河流为代表的面源污染,以及直排入海的各个排污口所造成的点源污染。面源污染物包括氮、磷等营养物质,其通过降雨、地表径流、农业活动等方式进入河流水体,再通过河流排放入海洋水体,其特点是面广量大。点源污染则是工企业排放口这类具有固定排放点的污染源,其排放的污染物种类会根据企业的性质而有所不同。由于点源、面源污染物均为直排入海,因此会对近海海域水体水质造成直接冲击。

①入海河流

杭州湾区近岸海域入海河流主要有钱塘江、曹娥江、甬江、海盐塘、长山河、四灶浦、上塘河、盐官下河八条河流,其中钱塘江为杭州湾区最大的入海河流,其典型的河口地貌也是造就杭州湾河口型海湾的主要原因。杭州湾区沿海发达地区的人口不断增长导致了生活污水排放量也日益增加,而湾区重化工产业、重污染产业的主导地位居高不下更加导致了极为严重的环境污染。2016 年,浙江以"五水共治"为载体,以提高水环境质量为核心,不断改善水环境质量。相较往年,八大河流污染物中,只有氨氮汇入总量有明显下降趋势,陆源污染物总量虽有一定的好转,但仍然无法得到有效控制。

②入海排放口

据不完全统计,2018 年杭州湾区主要入海排放口 39 个,其中杭州地区 7 个,宁波地区 22 个,嘉兴地区 6 个,绍兴地区 4 个。2018 年杭州湾区各地区排放口排放污染物总量如表 4-3 所述。入海排放口排入杭州湾区近岸海域污水总量 16.23 亿吨,其中 COD 为 4.77 万吨、总氮为 1.48 万吨,氨氮为 1004.18 吨、总磷为 195.43吨、石油类为 159.04 吨。湾区入海排放口总氮贡献率为 14.50%,COD 贡献率为

14.97％,加重了排污口附近海域富营养程度,对海洋环境造成了不可忽视的影响。

湾区四个城市地区的点源污染对近岸海域富营养化均有不用程度的促进作用。杭州地区排放口直排入海的污水量占总排放口污水量的 46.09％,总氮占44.90％,总磷占 37.10％,相比其他地区贡献了较多污染物;宁波和嘉兴地区总污水量次之,分别占总排放口污水量的 19.78％和 19.41％,其中,宁波地区较严重的是氨氮排放量,贡献率达到了 60.89％,总磷的排放也较为严重,贡献率为33.64％;绍兴地区排污口排放量则最少,占比为 14.72％,各污染物排放较为平均。

杭州地区直排入海排污口基本分布在钱塘江南岸,地区年均处理水量超过2000 万吨的排污单位共有四个,服务了涵盖钱塘江南北两岸的杭州市区生活和生产活动的污水收集处理,其工业园区产业涵盖了生物医药、机械制造、轻纺服装业为主的 300 余家高污染企业。绍兴地区年均处理水量超过 2000 万吨的排污单位为绍兴市污水处理厂,其承接了绍兴近 1000 平方千米的生活和工业废水收集处理工作,绍兴市工业园区存在主要产业为电子信息、医药化工、纺织以及汽配等共近400 家高污染企业。这些产业园区的建设促进了区域产业高度集聚,带来地区工业经济的快速发展以及城市化进程的加快,但高速发展的产业也是导致污染问题日趋严重的重要因素。

表 4-3　2018 年杭州湾各地区入海排放口排放污染物总量

地区	总氮/吨	氨氮/吨	总磷/吨	COD/吨	石油类/吨	总污水量/亿吨
杭州	6642.58	210.96	72.50	14301.63	74.47	7.48
宁波	2314.95	611.47	65.74	9245.59	40.31	3.21
嘉兴	2445.41	77.98	41.19	11421.58	34.70	3.15
绍兴	3392.45	103.77	16.00	12704.83	9.56	2.39
总计	14795.39	1004.18	195.43	47673.63	159.04	16.23

注:数据由浙江省环境监测中心站提供

2.三门湾

三门湾秋、冬、春季 DIN 测值 100％超出 II 类水质标准,夏季 43.75％超出 II 类水质标准。秋季和冬季 pH 均超标 100％,其余均达到了相应功能区的海水水质标准要求。秋季 COD 测值 18.75％属 III 类水质,6.25％属 IV 类水质;冬季 6.25％属于 III 类水质。溶解氧量全年监测值达到相应功能区的海水水质标准要求,重金属(铜、铝、锌、镉、砷)全年监测值均达到相应功能区的海水水质标准要求。三门湾水域 DIN 的变化趋势是春、夏、秋季先增后降,冬季时先降后升;从变化趋势上看,2009 年之后除冬季外 DIN、DIP 均有所下降,但秋季相较 2012 年有所增加。结果表明,富营养化状况有所减轻(梁静香等,2021)。

三门湾水域呈富营养化状态。水体中丰富的营养盐是造成赤潮的物质基础。三门湾是一个半封闭海湾,海域受到湾内沿岸陆地径流的影响,使湾内大部分水域具有低盐、高营养盐的特征(姚炎明和黄秀清,2015)。三门湾入湾河流携带沿岸工业废水、农业肥源流失及生活污水,这是导致三门湾水域富营养化的重要原因之一。海水养殖自身污染是导致三门湾水域富营养化的另一重要原因。2018年,三门湾海水养殖产量达27.7×10⁴吨,由于海水养殖业的发展,大量的残饵和鱼类排泄物的分解增加了水体中的氮磷含量。

三门湾海域沉积物种重金属元素的各季节平均富集程度,除春季的铝和锌以及夏季的铝富集系数大于1外,其他重金属因子的富集程度均小于1,且各个季节的污染程度均小于8,表明水体主要受铝和锌的污染。秋季重金属元素富集程度由大到小依次为铝>铜>砷>锌>镉>汞;冬季为铝>砷>铜>锌>镉>汞;春季为锌>铝>铜>砷>镉=汞;夏季为铝>砷>锌>铜>镉>汞。春季的铝和锌以及夏季的铝的危害系数值大于其轻微生态危害的划分标准值,其他重金属均小于其轻微生态危害的划分标准值,且各项重金属的潜在生态危害系数均小于40,表明三门湾海域沉积物环境中重金属的潜在生态危害大部分非常轻微,属于轻微生态危害范畴,对三门湾生态环境造成的潜在影响春季主要为铝、锌,夏季为铝(梁静香等,2021)。

3. 乐清湾

乐清湾滩涂表层沉积物中各重金属潜在生态危害系数平均值都远远小于40,均属于轻微生态危害;七种重金属的潜在生态危害系数由大至小顺序为:砷>镉>汞>铜>铝>铬>锌,其中砷和镉的潜在生态危害系数在七种重金属中排在前两位,平均值分别为9.82和9.59,是乐清湾滩涂表层沉积物的主要潜在生态风险因子。乐清湾滩涂表层沉积物中七种重金属总的潜在生态危害指数为32.26～58.75,平均值为46.44,远小于150,属于轻微生态危害范畴(邰钧璋等,2016)。

乐清湾铜、锌、铝的变异数分别为71%、94%、60%,属于高度变异,表明其空间分布的不均匀性和离散性较大,可能较多地受外来因素的影响;其他元素变异系数属于中等变异和小变异,不均匀性和离散性相对较小。乐清湾入海口典型污染物含量较高,表明污染物含量较高的区域多位于河口或溪流入海口、工业集聚区和养殖区附近,说明人类活动和入海径流是海湾潮间带生态污染物的主要来源之一(陈思杨等,2020)。

三、湾区陆海生态风险呈现陆域带动型

1.海水富营养化及赤潮

海域污染源主要由陆源入海污染源、海上污染源和大气污染源三部分组成。陆源污染源主要包括工业、农业、生活污水、经河流输入海洋的污染物;海上污染源主要包括水产养殖污染源、上升流输运污染源、沉积物—海水界面交换污染源等;大气污染源主要包括大气干沉降、大气湿沉降带来的大量污染物等。

近岸海域为营养盐高值区域,在不同季节,无机氮、总氮、活性磷酸盐和总磷均存在一定程度的超标现象,近岸海域受到营养盐的污染。无机氮在秋冬季节污染程度严重,重污染海域主要分布在三门湾和台州海域。活性磷酸盐在夏秋季节污染严重,夏季底层活性磷酸盐污染最为严重,尤其是在杭州湾区域,几乎全部为活性磷酸盐的污染海域,并在舟山外海、象山近海、象山湾海域达到重度污染级。秋季,表层、10 米层活性磷酸盐的污染海域主要分布在近海大部分海域和杭州湾,以台州湾污染最为严重,为重污染级。底层活性磷酸盐污染更为严重,在杭州湾南岸、三门湾、温州湾、乐清湾达到重污染级。浙江近岸海水主要污染物为无机氮、活性磷酸盐和重金属汞,污染主要分布在各主要港湾(杭州湾、象山港、三门湾、乐清湾),并且近岸高于离岸,湾内高于湾外,陆源输入是造成这一现象的主要原因。从浙江近岸海域水质状况可以看出,2010 年来海水污染程度虽总体上有所减轻,但海水污染问题仍较为突出,且部分海域污染程度仍较为严重。

赤潮是在特定环境条件下,海水中某些浮游植物、原生动物或细菌爆发性增殖或高度聚集而引起水体变色的一种有害生态现象。构成赤潮的浮游生物种类很多,但鞭毛虫类(如沟腰鞭虫)、硅藻类大多是优势种。当发生赤潮时浮游生物的密度一般为 $10^2 \sim 10^6$ 细胞/毫升。

浙江海域赤潮高发区中不同群落组合的变化反映了本海域受不同水系的影响程度,赤潮爆发则呈现出发生时间不断提前、持续时间不断延长、发生面积不断扩大、有毒有害藻类逐渐增加的特点(金翔龙,2014)。

东海海域富营养化面积居中国四大海区之首,成为全国典型的赤潮高发区域。营养盐是海洋生态系统的主要生源物质,是海洋初级生产力最重要的影响因子,也是人类研究海洋生态系统的关键要素(任玲和杨军,2000)。赤潮发生是物理、化学、生物、气候等各方面因素综合作用的结果(Bricelj & Lonsdale,1997),而不是由单一元素决定的。赤潮高发区往往是无机氮和活性磷酸盐浓度严重超标海域。

浙江近岸上升流区与赤潮多发区的位置基本吻合,表明上升流从底层往上层输送的营养盐对浮游植物和赤潮生物的大量生长繁殖有重要作用(杨东方等,

2007)。浙江沿海频发大规模赤潮事件,楼琇林(2010)通过对浙江沿海上升流的不同累积频次和赤潮多发区的空间关系进行研究,发现两者的累积频次表现出明显的空间相关性,表明沿岸上升流对浙江沿海赤潮空间分布有着重要的影响。

浙江海域的赤潮分布有两个明显的特点:第一,大面积的赤潮均发生于离近岸较远的海域,主要是远离大陆的群岛附近,如台州列岛和中街山列岛附近海域;第二,赤潮高发区多为近岸养殖区,如象山港和大陈岛附近海域。浙江典型海洋生态系统退化、生态健康程度降低。象山港、三门湾、乐清湾海湾生态系统脆弱、生境破碎化严重;杭州湾、椒江口、瓯江口等河口生态系统空间开发密集、环境威胁多样、入海径流减弱;舟山群岛、南麂列岛等岛屿生态系统面临海洋污染、气候变暖、人为开发的多重压力。由此造成的后果是浙江海洋生态灾害频繁发生,特别是赤潮生态灾害。

2.生物多样性受到威胁

受环境污染、岸线平直化、高密度海水养殖、高强度捕捞等人类活动的影响,加之气候变暖、二氧化碳排放增加等自然因素的改变,海洋原有的生态位充分利用状态被打破,造成海洋生态系统中的营养级缺失,食物链缩短。大型海藻数量锐减、底栖多毛类生物增加、高营养级鱼类捕获量降低、低营养级虾蟹类成为优势种、水母旺发、赤潮频发、生物入侵等生态风险事件频频警示海洋食物网结构的异常。因结构异常导致的海洋生态系统固有的食物支持、气候调节、生境支持、生物控制等生态服务功能不能良好实现,海洋自身蕴藏的生态价值降低。

在高强度捕捞的压力下,传统的主要经济鱼类资源衰退。自20世纪80年代以来,浙江相继开展了渔业结构调整,发展了桁杆拖虾作业,开发了外海和南部海域新的虾蟹类资源和渔场,发展了单拖捕捞外海的头足类资源,发展了灯光围网作业增加了跆鲼鱼类的产量。同时,浙江自20世纪90年代中期恢复实施伏季休渔制度,使传统的经济鱼类带鱼、小黄鱼、鲳鱼等资源数量有所增长。目前海洋渔业资源的主体是带鱼、小黄鱼、鲳鱼、鲍、鲼鱼、虾、蟹类和头足类,上述种类占海洋捕捞产量的70%。总体上,海洋渔业资源基础比较脆弱,表现在以下四个方面:①渔获组成小型化、低龄化、低值化严重;②渔获量增长靠强化捕捞获得;③带鱼、小黄鱼等经济鱼类处在生长型过度捕捞状态;④主要经济鱼类生物学特征出现自身调节机制。

浙江渔场的渔业资源状况不容乐观。虽然伏季休渔制度保护了一部分经济鱼类资源,使带鱼、小黄鱼等主要经济鱼类资源数量有所上升,但开捕后,强大的捕捞力量利用了增加的补充群体,带鱼等主要经济鱼类资源处在当年生当年捕的状态,鱼体低龄化、小型化现象难以改变,资源难以恢复。综上所述,伏季休渔制度还不能从根本上改变渔业资源衰退的局面,只能治标不能治本。

粗放的围填方式严重破坏了海洋生态系统的各种服务功能,带来了许多生态环境问题,如滨海湿地面积缩小,鸟类栖息地和觅食地消失,生态系统严重退化,湿地调节气候、储水分洪、抵御风暴潮和护岸保田等生态服务价值大幅下降;填海工程大量采(挖)海底砂土、吹填、掩埋等,造成海底生境剧变,底栖生物类型和数量急剧减少,群落结构彻底改变,食物链遭到破坏,生物多样性减少;近岸水区或河口附近围填海工程的实施,破坏了鱼类产卵场、育幼场和洄游通道,造成渔业资源锐减;围填海后,海岸线人工化程度提高,很多有价值的海岸自然景观和海岛资源被破坏。此外,围填海造成的水动力环境变化和滩涂等自然资源锐减,导致近岸海域海水自净能力降低,加剧了水质恶化;而不合理的取材方式对海岛、海岸带的山体自然景观和生态平衡也造成了不可逆的破坏。

海岸海湾区域地处陆地和海洋两大生态系统的过渡带,受两者物质、能量、结构和功能体系的影响,一方面海岸带生态系统初级生产力丰富、生物多样性高,但同时受到来自海洋和陆地的扰动频率高,稳定性差,是典型的脆弱生态系统。环杭州湾经济区、温台产业带等均位于海岸带区域内,集中了如杭州、温州、嘉兴、宁波等大部分经济发达的城市。目前,海岸带生态系统不仅受到了自然界的影响,而且日益承受着来自人类社会的生态压力,海岸带的生态安全问题也越来越突出,生态风险加剧,生态弹性消退,区域生态承载力下降。

3. 滨海湿地退化

滨海湿地是指沿海岸线分布的低潮时水深不超过六米的滨海浅水区域岛陆域受海水影响的过饱和低地的一片区域,包括自然湿地和人工湿地。自然湿地包括浅海水域、潮下水生层、珊瑚礁、岩石性海岸、砂砾质海岸、粉砂淤泥质海岸、滨岸沼泽、红树林沼泽、海岸潟湖、河口水域、三角洲湿地;人工湿地包括养殖池塘、盐田、水田、水库。从浙江海岛、海岸带滨海的湿地类型、演变及其生态效应来看,人工湿地大多由天然湿地通过围填海工程转变而来,其向陆分布范围难以界定;自然湿地的演变主要发生在海岸线与海图 0 米线之间,其类型包括岩石性海岸、砂砾质海岸、粉砂淤泥质海岸、滨岸沼泽、红树林沼泽五种。

近年来,在自然和人为因素的共同干扰下,浙江天然滨海湿地退化明显,表现为面积减小、自然景观丧失、质量下降、生态功能降低、生物多样性减少等一系列现象和过程。

滨海湿地生态环境受损严重。一是粉砂淤泥质海岸、滨海沼泽的沉积物受工农业污染物排放和海水养殖业的影响,总氮、总磷普遍超标,铜、铬等重金属元素在部分区域还存在严重超标的现象,沉积物总体质量下降。二是外来物种入侵严重,在滨岸沼泽区域,外来的互花米草已成为优势种甚至单一种,导致湿地生态系统结构改变和生态功能降低。三是砂砾质海岸退化明显,在海平面不断上升和不当的海岸工程作用下,海岸侵蚀加剧,海滩沉积物粗化或泥化现象多有出现,海滩景观受到损坏(金翔龙,2014)。

受长江来沙的影响,浙江沿海粉砂淤泥质潮滩普遍发育,滩涂资源丰富,且具有一定的再生能力,滩涂资源土壤成分多样而丰富,开发用途广泛。浙江通过围垦工程扩大了耕地面积,拓展了发展空间,为经济的快速增长提供了土地保障。然而,与20世纪80年代海岸带与海涂资源调查结果相比,浙江海涂面积减少了430平方千米,围垦速度超过了滩涂自然生长速度,众多港汊被堵,围垦部位从中高滩扩展到低滩。这不仅影响到海岸带的生态环境,而且还对海岸防护产生不利影响。

在滩涂资源的开发利用方式上,一方面,对既有资源的利用方式还比较粗放。比如传统的利用方式大多采用或农或牧或渔的单一模式,普遍缺乏综合开发、立体使用的技术和模式,资源开发利用程度低、效益差。另一方面,目前相当部分滩涂围垦项目以解决耕地占补平衡指标为目的,因而出现了一些"深围、快围、大围"的现象,将潮下带非滩涂区或港湾都纳入圈围范围,由于建设周期长、开发成本高、土地指标控制等因素,已围区块短期内难以得到有效利用而遭闲置,沦为综合成本"昂贵"的荒地。

第二节 美丽海湾生态环境风险管控系统:分类指导

一、陆海生态环境的耦合协调关系

(一) 不同湾区陆海耦合协调现状

浙江海岸带陆海耦合协调度的空间分布特征为浙东北协调度高于浙东南,耦合协调状况整体趋向优化协调。

2000—2020 年,杭州湾地区耦合协调度最佳,耦合协调度从 0.715 波动式增长至 0.777,年均增长 0.42%,耦合协调状况为中级协调。象山湾地区耦合协调度次之,从 2000 年的 0.346 增至 2020 年的 0.507,年均增长 1.93%,增长速率最快,耦合协调状况从轻度失调到勉强协调。台州湾、乐清湾、温州湾、三门湾耦合协调度较差。其中,乐清湾、温州湾地区耦合协调度增长速率较快,年均增长分别为0.47%、0.50%,耦合协调状况以轻度失调为主;三门湾、台州湾耦合协调度年均增长分别为0.41%、0.43%,耦合协调状况为中度失调、濒临失调。

(二)陆海耦合协调机制

耦合协调状况与陆海开发利用活动的协调程度有关。浙东北海湾地区经济水平处于浙江前列,空间开发利用活动频繁。海域对应的近海功能区以港口航运区、工业与城镇用海区等生产生活空间为主,为陆海生态环境质量低值区,沿海产业集聚效应显著,交通一体化程度较高,经济联动发展高效,形成陆海耦合协调状况较优区域。浙东南地区陆域经济发展模式为民营经济,海水养殖业发达,海域水质以Ⅳ类为主,存在陆海发展协同不足、生态保护与开发利用方式发生分歧等问题。

整体上,浙江海岸带生态系统以陆域为主导,形成陆域开发利用活动加大、生产生活空间快速扩张、景观格局生态风险加剧、海域生态环境质量波动式上升趋势。初期,陆域系统的生产生活活动以水体污染、破坏沿海水动力平衡等形式对海域系统造成危害,加剧海域生态环境恶化。随着十九大报告提出陆海统筹战略部署,中共中央、国务院连续出台生态文明建设和"蓝色海湾"综合治理等政策规划,浙江进一步加强海洋综合管理,建立海岸线保护与利用规划、海洋主体功能区规划,推进湾、滩长制海洋生态治理,使其海岸带生态空间趋于协调。2000—2020 年浙江各湾区海陆耦合协调度模式如表4-4所示。

表 4-4　2000—2020 年浙江各湾区海陆耦合协调度模式

湾区	指标	2000 年	2005 年	2010 年	2015 年	2020 年
杭州湾	耦合度 C 值	0.82167	0.71705	0.75246	0.69680	0.72897
	协调指数 T 值	0.62147	0.86897	0.76721	0.88656	0.82849
	耦合协调度 D 值	0.71459	0.78936	0.75980	0.78597	0.77714
	耦合协调状况	中级协调	中级协调	中级协调	中级协调	中级协调
象山湾	耦合度 C 值	0.98928	0.97520	0.97381	0.99961	0.83887
	协调指数 T 值	0.12080	0.17597	0.11127	0.13266	0.30616
	耦合协调度 D 值	0.34570	0.41425	0.32918	0.36415	0.50678
	耦合协调状况	轻度失调	濒临失调	轻度失调	轻度失调	勉强协调
三门湾	耦合度 C 值	0.34171	0.28234	0.30256	0.27531	0.28399
	协调指数 T 值	0.16660	0.24930	0.21581	0.25711	0.23600
	耦合协调度 D 值	0.23860	0.26531	0.25553	0.26605	0.25888
	耦合协调状况	中度失调	中度失调	中度失调	中度失调	中度失调
台州湾	耦合度 C 值	0.64817	0.54648	0.58105	0.53808	0.55873
	协调指数 T 值	0.24891	0.36065	0.31527	0.37124	0.34283
	耦合协调度 D 值	0.40167	0.44395	0.42800	0.44694	0.43766
	耦合协调状况	濒临失调	濒临失调	濒临失调	濒临失调	濒临失调
乐清湾	耦合度 C 值	0.71158	0.61088	0.64650	0.60563	0.62627
	协调指数 T 值	0.11541	0.16575	0.14537	0.17074	0.15793
	耦合协调度 D 值	0.28657	0.31820	0.30656	0.32157	0.31450
	耦合协调状况	中度失调	轻度失调	轻度失调	轻度失调	轻度失调
温州湾	耦合度 C 值	0.50041	0.41559	0.44710	0.41507	0.43556
	协调指数 T 值	0.25093	0.37057	0.32233	0.38254	0.35244
	耦合协调度 D 值	0.35436	0.39243	0.37962	0.39848	0.39180
	耦合协调状况	轻度失调	轻度失调	轻度失调	轻度失调	轻度失调

二、湾区综合管理问题

(一)科技支撑能力不足,难以满足管控要求

目前,在浙江海洋资源管理中普遍存在着技术力量相对薄弱、动态监测能力不强、研究投入严重不足等问题,已成为科学决策和精准管理的掣肘因素。主要表现如下:①数据应用水平相对落后。缺乏周期性、常态化的海洋综合调查机制,既有

数据更新相对滞后,调查、评价活动的针对性和成果应用能力亟待提高。②技术能力相对薄弱。尚未建立起全面、实时、有效的海洋资源环境监测、预报、评估和信息服务体系,海洋信息服务方面还存在大量技术难题,"数字海洋"建设道路仍很漫长。③评价手段相对陈旧。主要体现为典型围填用海项目适宜性评估研究不系统,难以形成体系;海洋工程环境影响后评价工作尚处于起步阶段,与发达国家差距明显;集中连片围填海工程环境叠加影响研究不足;生态补偿价值估算方法和补偿形式较为单一,难以满足复杂的工程评估需求等。

(二)综合管理协同问题日益突出,影响社会经济发展

海岛、海岸线、滩涂作为一种有限资源,集聚了其他多种要素资源的自然属性及其开发行为。因此,传统分工分类的多头管理模式所带来的协同能力低下等问题在海岛、海岸线、滩涂资源管理上显得尤为突出,集中表现在法规交叉、规划不衔接、行政效率偏低等方面。

法规层面目前存在的主要问题是:由在海岛属性界定、海岸线确定、滩涂归属以及河海划界等性质、权属界定上的差异导致了行政主体对各自管辖权的认识发生冲突,如:海岛、海域、土地等空间资源管理范畴的法规因分类方法不同,分别对同一管理对象赋予了不同的称谓、管理权限和管理要求;而相关行业管理法规往往又会以具体的工程项目审批来替代空间资源管理。

目前,规划层面存在的问题主要为土地利用总体规划、城镇体系规划、海岛保护与利用规划和海洋功能区划等空间规划间由于编制周期、编制依据和规划期限不一致而在实际衔接过程中出现的诸多矛盾。如:四个规划对围填海引起的海陆域空间范围变化的认知度、敏感度、协同度不一,难以及时对建设规模和空间利用做出相应的调整。

从具体的管理层面来看,除了因职能交叉产生的重复审批和重复收费(海域使用金、土地出让金)等不合理的现象外,最突出的矛盾是围填海形成土地的性质转变问题。目前,围填海形成土地的使用一般依照"已围土地—未利用土地—建设用地"程序审批,尽管国家和省份对土地、海域管理出台了相关政策规定,明确了将围填海计划纳入国民经济和社会发展计划、实行围填海计划指标控制、围填海形成的土地不占用地指标等,但受现行供地和用地政策所限,长期以来滩涂围垦、围填海形成的土地与建设用地指标难以挂钩,凭海域使用权证换发土地使用权证工作进展缓慢。同时,由建设用海项目并没有纳入城镇体系规划的管理范畴,导致已围土地在未取得土地使用权证的前提下难以办理房屋建筑及其附属工程的产权登记,部分基本建设项目不得不被搁置,"望涂兴叹"现象屡见不鲜。

三、湾区生态风险分类指导

(一)生境修复区

乐清湾、温州湾、台州湾等区域虽然生态风险等级低,但存在生态风险加剧的趋势。这些区域生态系统主要以红树林湿地生态系统为主,是区域生态服务功能重要保障供给区和生境修复优先区。对这些区域应减少人类活动干扰,逐步提升景观整合度,降低生境破碎度,保障红树林面积不减、功能不降、性质不变。保护以湿地为栖息地的生物生存空间、生态廊道提质优化,适时启动实施流域综合治理工程,采取自然恢复和人工修复相结合的生态治理模式,提高红树林湿地生态系统具有的消浪护岸、降解污染、维护生物多样性等生态功能,全面建立河长制,任命河长,设立河长办公室,强化河道监管巡查,确保湿地生态系统健康。

(二)重点管控区

杭州湾、象山湾等区域生态风险等级高,且沿岸围填海活动频发,由此导致大陆岸线长度缩短,自然岸线保有量和保有率降低。为管控区域生态风险,需优化近岸海域空间布局,合理调整海域开发规模和时序,控制开发强度,严格实施围填海总量控制制度,严格控制新增围填海,积极盘活存量围填海、存量已开发岸线;促进海洋传统产业技术改造和优化升级,推动海洋产业结构向高端、高效、高附加值转变;推进海洋经济绿色发展,积极开发利用海洋可再生能源;加强对海岛资源的保护与合理利用,推进重点开发的海岛集约生态化开发,其余海岛注重生态环境保护,严格保护海洋生物资源和非生物资源,尽可能减少对自然生态系统的干扰,在不影响区域生态环境稳定性的条件下,允许开展少量利用活动,并实行分类开发,按照资源禀赋开发旅游岛、渔业岛、能源岛等;严格控制陆源污染物的排放,加强重点河口海湾的污染整治和生态修复,规范入海排污口设置;有效保护自然岸线和典型海洋生态系统,提高海洋生态服务功能,增强海洋碳汇功能。

第五章　浙江美丽海湾建设与行动社区的阐释

第一节　美丽海湾的政策设计

海洋保护区(MPAs)是现有政策工具之一,有助于保护、可持续利用海洋。海洋空间规划(MSP)是确定海洋空间使用并为监管机构作出开发决策提供信息的过程,也是致使经济发展和蓝色经济繁荣的过程。MSP 和 MPAs 都可以作为推动未来可持续利用海洋环境的工具之一。MSP 可用于定位 MPAs,并为设计 MPAs 分区提供依据,政府运用政策网络,通过支持 MSP 以释放"蓝色增长潜力",为社会经济发展服务。

当今我国经济高速发展,在 2020 年成功完成了脱贫攻坚、建设全面小康的时代任务。在满足温饱需求后,人们对生活和发展都提出了更高质量的要求,对建设更加美丽、更加优美、更加便民的社会空间提出迫切要求。自党的十八大提出"美丽中国"建设这一概念以来,我国政府将生态保护和环境治理放在更加重要的地位,积极探索新方法、新路径。而一直以来,经济发展与环境保护被视为相互矛盾的"两张皮",如何协调两者之间的矛盾往往是富有争议性的现实话题,也成为学术界热门讨论的科学问题。当前中国的环境形势仍然严峻,海湾污染问题、生物多样性保护问题等依然突出,新旧问题交织呈现结构性、压缩性、复合型特征(余敏江,2016),海湾生态环境治理与公众的期待、要求之间仍有差距。将这些具有争议性的科学问题、现实问题作为政策议题,是国家实施创新驱动发展战略的迫切要求。公共政策目标的模糊性来自风险判断的歧视和风险感知的差异性,风险存在相对化,需要在公众接受和风险容忍之间、风险文化和认知模式之间找到平衡,何为标准、谁来制定标准、谁来负责都是难题(王佃利和付冷冷,2021)。海湾地区是经济发展的前沿阵地,为可持续、美丽、清洁地发展海湾经济,建设"鱼鸥翔集、水清滩净、人海和谐"的美丽海湾的任务被提上日程。为满足期待、达成目标,美丽海湾建设不仅仅是技术问题,更多的宏观层面的体制问题,需要社会广泛参与,进行多方面、多领域的涉及利益、权力等深层次问题的体制改革和深刻变革(余敏江,2016)。

一、宏观政策制导

海洋与陆域生态系统的一体化资源利用有利于推动陆海经济协调发展、提高陆海生态环境质量。国家层面的生态文明建设以及海洋生态文明建设制度的推进,促进了海陆自然环境、国家地方政府和部门、高校和技术部门、企业、大众等协同发展。由于政策方案的制定实施过程往往涉及多元主体的利益纠纷而难以形成决策共识,因此随着政策管理向政策治理演化发展,越来越多的主体参与到政策决策过程中,不同行动者、主体之间存在的认知、利益差异导致相互之间的对抗。

2016年修订的《中华人民共和国海洋环境保护法》中明确"水清、岸绿、滩净、湾美、物丰"作为海洋生态文明建设总目标。2017年十九大报告中对生态文明建设、人地和谐理念、生态保护、生态监测等都提出要求。2022年发布的《中华人民共和国国民经济和社会发展第十四个五年规划和2035年远景目标纲要》(《纲要》),对海洋经济发展空间建设提出具体目标,要求坚持陆海统筹、人海和谐、合作共赢,协同推进海洋生态保护、海洋经济发展和海洋权益维护,加快建设海洋强国,具体包括:建设现代海洋产业体系;打造可持续海洋生态环境,探索建立沿海、流域、海域协同一体的综合治理体系;深度参与全球海洋治理,积极发展蓝色伙伴关系。《纲要》提出推进重点海域综合治理,构建流域—河口—近岸海域污染防治联动机制,推进美丽海湾保护与建设。

国家行政机关构建美丽海湾建设行动者网络的政策社群。2015年,中共中央、国务院发布《中共中央 国务院关于加快推进生态文明建设的意见》(中发〔2015〕12号),对海洋资源开发和生态环境保护提出要求,要求开展海洋资源和生态环境综合评估,保护并修复包括近岸近海生态区在内的自然生态系统,要求健全生态文明制度体系。2016年12月,国务院办公厅颁布《"十三五"生态环境保护规划》(国发〔2016〕65号),将生态文明建设上升为国家战略,要求改善河口和近岸海域生态环境质量,加强海岸带生态保护与修复,严格禁渔休渔措施,实施蓝色海湾综合治理。2019年5月,中共中央办公厅、国务院办公厅发布《国家生态文明试验区(海南)实施方案》,确定海南的陆海统筹保护发展实践区的战略地位,推动形成陆海统筹保护发展新格局。坚持统筹陆海空间,重视以海定陆,协调匹配好陆海主体功能定位、空间格局划定和用途管控,建立陆海统筹的生态系统保护修复和污染防治区域联动机制,促进陆海一体化保护和发展。深化省域"多规合一"改革,构建高效统一的规划管理体系,健全国土空间开发保护制度。加强海洋环境资源保护,建立陆海统筹的生态环境治理机制,并开展海洋生态系统碳汇试点。

2015年,国务院自然资源部国家海洋局颁布《国家海洋局海洋生态文明建设实施方案》(2015—2020年)(国海发〔2015〕8号)提出四大类20项海洋生态文明建设重大项目和工程,其中包括"蓝色海湾"综合治理等四项治理修复类工程项目、三大能力建设工程、四项专项调查任务以及多种示范区建设。2020年7月,生态环境部组织召开美丽河湖、美丽海湾优秀案例征集活动座谈会,提出生态环境部将开展美丽河湖、美丽海湾优秀案例征集和推广宣传活动,对海湾提出"水清滩净、岸绿湾美、鱼鸥翔集、人海和谐"美丽景象的建设要求。第一次对美丽海湾进行具体定义和描述,从主要重视污染防治、监测一维的"蓝湾"转变到包括污染、生物多样性、人居环境等多维的"美丽海湾"建设,体现海湾问题的行动者网络逐步扩展、问题逐渐复杂化、立体化,强制通行点(obligatory passage point,OPP)逐步明确具体。同期,在全国海洋生态环境保护"十四五"规划编制工作推进视频会上,国务院生态环境部明确提出要突出抓好美丽海湾建设,要求"问题导向、目标导向、结果导向",因此需要建立海湾单元基本问题的行动者网络。2021年8月,国务院生态环境部在例行发布会上提出要扎实推进"美丽海湾"保护与建设,根据不同海湾生态环境禀赋、问题症结情况、前期治理基础等,从"十四五"开始精准施策、持续发力,一张蓝图绘到底,力争到"十五五"末期将近岸重点海湾基本建成"水清滩净、鱼鸥翔集、人海和谐"的美丽海湾。

我国政府组织结构纵向为国家级—省部级—厅局级—乡科级,横向为各行政部门,各自负责不同的行政职责。浙江省政府作为省部级政府组织,隶属于国家级政府组织。基于中共中央、国务院发布的《中共中央国务院关于加快推进生态文明建设的意见》(中发〔2015〕12号)和《国家海洋局海洋生态文明建设实施方案》(2015—2020年)(国海发〔2015〕8号)等文件精神,浙江省政府对区域、地方(长三角地区、浙江省、各海湾单元)进行统筹规划,发布《关于进一步加强海洋综合管理—推进海洋生态文明建设的意见》(浙海渔发〔2017〕1号)、《浙江省海岸线保护与利用规划》、《浙江省海洋主体功能区规划》、《关于加强海岸线保护与利用管理意见》(浙海渔发〔2018〕2号)、《浙江省生态环境保护"十四五"规划》、《浙江省美丽海湾保护与建设行动方案》等政策文件。各项文件在美丽海湾综合治理和建设工作任务上均主要包括:入海排污口排查整治、入海河流水质改善、沿海城市污染治理、沿海农业农村污染治理、海水养殖环境整治、船舶港口污染防治、岸滩环境整治、海洋生态保护修复。

美丽海湾建设政策围绕经济发展和环境保护两大核心,基于海洋牧场、蓝湾计划、海洋主体功能区建设等过去海洋保护发展、海洋文明建设成果,在新时代背景下,为高质量发展提供环境基础。

实行浙江海洋综合治理,构建全省全域陆海统筹发展格局。沿具有等级性特征的政策网络自上而下贯彻美丽海湾治理理念,实现政策、理念、价值观的纵向传递。与此同时,通过法规,将实际的美丽海湾保护和建设任务按照不同行政部门的职责,划分给渔业局、林业和草原局、海事局等,形成政策在横向行政部门的延伸。

可持续发展海洋经济和蓝色经济,平衡生态保护和经济发展的关系。支持海洋经济、海洋产业发展,建设海洋产业集群。有导向、有规划、有节制地开发海洋资源和海洋空间。

为"美丽中国"建设添砖加瓦,注重海湾单元的生态保护和生态修复。划分海洋主体功能区,坚决落实限制开发区、禁止开发区的保护和修复政策。坚持尊重自然、顺应自然、保护自然,统筹山、水、林、田、湖、草系统治理,深化生态文明示范创建,加强重要生态空间保护监管,构筑省域生态安全格局;加大生物多样性保护力度,提升生态系统质量和稳定性;夯实全省生态安全基底,加强生物多样性统一监管,促进人与自然和谐共生。加强数字化生态环境的执法监管。为满足人民日益增长的对美好生活的需要,美丽海湾政策中注重海湾单元的亲海空间建设与发展。

设置生态补偿激励机制、考核评估评价机制等制度作为保障机制。生态补偿激励机制是以保护生态环境、促进人与自然和谐为目的,根据生态系统服务价值、生态保护成本、发展机会成本,综合运用行政和市场手段,调整生态环境保护和建设相关各方之间利益关系的一种制度安排。主要针对区域性生态保护和环境污染防治领域,是一项具有经济激励作用、与"污染者付费"原则并存、基于"受益者付费"和"破坏者付费"原则的环境经济政策。政府既是生态保护的责任主体,也可以是付费主体。根据生态补偿原则:"谁开发谁保护,谁破坏谁恢复,谁受益谁补偿,谁污染谁付费"。谁付费的问题,其实是利益相关者之间的责任问题。因此,"生态补偿"的本质内涵是生态服务功能受益者对生态服务功能提供者付费的行为。付费的主体可以是政府,也可以是个体、企业或者区域。在主体功能区和生态区划的基础上,明确各生态功能的定位、保护的责任和补偿的义务。界定生态效益的提供者和受益者的范围,建立"利益相关者补偿"机制。"利益相关者补偿"是代表生态链和产业链上不同区域之间的补偿。这种补偿包括"资金横向转移"补偿和通过利益双方的博弈与协商的市场化交易的两种方式。自然保护区的生态补偿要理顺和拓宽自然保护区投入渠道,提高自然保护区规范化建设水平;引导保护区及周边社区居民转变生产生活方式,降低周边社区对自然保护区的压力;全面评价周边地区各类建设项目对自然保护区生态环境破坏或功能区划调整、范围调整带来的生态损失,研究建立自然保护区生态补偿标准体系。推动建立健全重要生态功能区的协调管理与投入机制;建立和完善重要生态功能区的生态环境质量监测、评价体系,加大重要生态功能区内的城乡环境综合整治力度;开展重要生态功能区生态补偿标准核算研究,研究建立重要生态功能区生态补偿标准体系。各地应当确保出界水质达到考核目标,根据出入境水质状况确定横向补偿标准;搭建有助于建立流域生态补偿机制的政府管理平台,推动建立流域生态保护共建共享机制;加强与有关各方协调,推动建立促进跨行政区的流域水环境保护的专项资金。

二、中观管理措施

精细化治理是治理体系与治理能力现代化的重要一环,是通过规则的明晰化、系统化,运用标准化、智能化、责任细化和衔接细化的手段,使得治理主体各个单元精准、严格、高效、有序、持续运行的治理方式,从而将政府的"精明环境治理"与其他社会主体的能动参与相结合,实现更优质、更细节、更人性化的治理效果(余敏江,2016)。为解决当前环境治理、海湾建设问题中出现的过度集权化(即所有环境公共问题都纳入单中心政府治理体系)、过度碎片化(即不同领域、层级、部门的治理机制各自为战)、监管虚化(即现有监管体系和财政约束导致的地方政府在监管中无动力、无能力)等(余敏江,2016),转变会更加整体性、科学性、规范化、人性化的治理建设,发展精细化治理迫在眉睫。精细化治理将抽象的政策目标、政策要求转化为具体可落实的行动要求、任务,集约治理资源,打破地方、部门、区域的界限和分隔,实现治理资源的集约化、系统化,更加有效、有针对性地落实政策,确保各环节、各流程之间紧密衔接、统筹协作,减少冗余,实现环境保护治理成本和社会效益的最优配置,缓解经济发展与环境保护之间长期存在的矛盾。

为提高水环境治理、海湾污染治理等政策的执行力,加强管控能力精细化发展,明确治理主体的职责、义务,规定治理主体在何时、何地、以何种方式在何种情况下可以做和禁止做何事,指导治理主体开展有序工作(余敏江,2016),浙江省政府组织落实河长制、湾长制、滩长制,明确具体问责制、责任制的相关内容,致力于提高水环境、海湾环境治理效率和治理效能。2017 年,浙江省海洋与渔业局发布《关于进一步加强海洋综合管理推进海洋生态文明建设的意见》及其政策解读、《浙江省海岸线保护与利用规划》,与浙江省发展与改革委员会联合发布《浙江省海洋主体功能区规划》,对进一步加强海洋综合管理、推进海洋生态文明建设提出具体要求。2018 年,为贯彻习近平新时代中国特色社会主义思想和党的十九大精神,浙江省湾(滩)长制试点工作领导小组发布《关于全面深化推进湾(滩)长制工作的指导意见》(浙湾滩〔2018〕1 号),浙江省海洋与渔业局发布《浙江省海洋与渔业局关于加强海岸线保护与利用管理意见》(浙海渔〔2018〕2 号),针对湾(滩)长制和海岸线保护与利用的具体实践操作提出明确指导和管理意见。浙湾滩〔2018〕1 号文件为湾(滩)长制建设指明方向,为海洋生态文明提供有力的制度保障。以"生态优先,绿色发展;统筹协调,联动治理;突出重点,注重长效"为基本原则,推进以滩面管理为主的滩长制向海洋综合管理为主的湾(滩)长制转变,加快构建"海陆统筹、上下联动、协同共治"的海洋生态环境治理保护新模式。囊括杭州湾、象山港、台州湾、三门湾、乐清湾、温州湾等湾区陆海空间,并覆盖全域海滩。依照分级管理、属地负责的原则,设立省、市、县三级湾长和乡、村两级滩长的组织架构,主要负责管控陆海污染物排放、强化海洋空间资源管控、加强海洋生态保护与修复、防范海洋灾害风险、强化海洋生态环境执法监管,并依据省级、市县级、乡级、村级不同层级进行具体职能分工。

三、微观多元参与

行动者网络有别于仅包括纵向组织结构和横向行政结构的隐含等级性的政策网络体系,将各参与到网络中的行动者看作共在、平等的存在,因此将其纳入企业、非政府组织(社会团体、志愿部门)、社会公众、高校等重要社会力量作为网络的行动主体,将网络向社会大众方向延伸,更具有社会性、开放性。

加强数字赋能,以科技创新引领多元主体"共进式"增能,推动科技成果转化运用。《浙江省海洋经济"十四五"规划》中提到,要加强海洋院所及相关学科的研究能力。提升涉海院校办学水平,包括提升浙江大学、宁波大学、浙江海洋大学、浙江交通职业技术学院、浙江国际海运职业技术学院等涉海院校办学水平。加强长三角海洋科技创新合作,支持浙江涉海院校、研究机构与国内外高水平涉海院校、研究机构开展合作培养,加强交流学习、学分互认、联合培养、合作科研、中外合作办学等多形式的合作交流。支持海洋科技领域国际合作平台建设。加快涉海类学科专业建设,加大学科建设投入,整合学科专业资源,提升学科专业特色,建好涉海类优势特色学科和国家一流本科专业,开展涉海类二级学科自主设置和交叉学科设置,优化涉海类博士、硕士学位授权点结构,加快实施高水平涉海类高职院校、技工院校及专业群建设计划,打造涉海类复合型技术技能人才培养高地,构建涉海类复合型技术技能人才培养体系。

由于海湾的自然属性包含跨区域性、流动性等特征,美丽海湾建设无法仅依赖于技术,没有群众支撑,政府政策也仅存在于纸上,美丽海湾建设愿景也只是空中楼阁。因此,海湾综合治理的需求要求动员各领域、各集体参与到美丽海湾治理之中。扩大美丽海湾治理的社会普及面,让更多的组织和个人参与其中,是美丽海湾治理成功的关键,也是必经之路。

第二节　基于行动社区建设

一、美丽海湾建设的行动者网络体系

行动者网络理论（actor-network theory，ANT）又称为转译社会学、协会社会学，提出于20世纪80年代，是由法国学者提出的一种科学实践研究方法（程叶青等，2022）。行动者网络理论是一种用于理解复杂社会的分析方法和阐释多元主体关系的理论工具，强调过程造就结果，揭示公共政策的制定完善过程中技术、社会、生态等元素之间如何相互形塑、相互缠绕，以行动者、转译、异质性网络三个概念为核心。可以说，行动者网络理论强调一项政策、声明的建构条件，揭示政策问题的异质性、关联性、多样性、框架性，关注在这项决策中有哪些行动者、谁是关键行动者、如何转译联结、使用何种工具或策略（王佃利和付冷冷，2021）。任何与系统有关或对系统状态改变起到作用的因素都被称为行动者，包括人类行动者和非人类行动者。人类行动者和非人类行动者都可作为政策主体，相互异质、平等，同时每个异质性的行动者都具有不同的能力和利益诉求（余敏江和邹丰，2022），从而形成异质行动者之间差异的认知和利益取向。行动者网络理论主张社会中存在多元主体，包括政府、社会、高校、非政府组织（non-governmental organizations，NGO）、社会公众等，行动者具有自然性（王佃利和付冷冷，2021）、开放性、自主性（余敏江和邹丰，2022）、社会性和话语性（王佃利和付冷冷，2021）特征，相互之间存在异质性（余敏江和邹丰，2022）。行动者网络理论强调将"异质"的行动者通过转译实现需求和利益的识别与联结（余敏江和邹丰，2022），构建完善的行动者网络关键在于协调政府、社会、市场、公众等多元主体之间的利益和需求，在互动、协商中不断消除异议，从而最终形成"集体意愿"和"集体行动"，建构成熟的行动者网络，达成共赢。

网络是描述行动者之间联结和运作过程的有效工具，具有流动性和联结性的特征。社会是异质元素构成的网络相互联结的结果，在行动者网络中，社会首先是异质多样的，其次是关系联结的（王佃利和付冷冷，2021）。异质行动者在行动者网络中不再是由从属、管控关系的权利上下级，而是平等、共在的网络节点。应将政策网络中纵向组织结构和横向行政结构所组成的"十字形"治理结构，丰富为向社会弥散度更强的"米"字形结构（余敏江和邹丰，2022）。将社会公众、社区、NGO等社会力量纳入行动者网络之中，作为海湾建设治理过程的行动主体、治理主体。每一个节点都可以作为行动者网络中治理主体进入治理场域的通行点，不断审视社会行动者主体的主体价值认同、公众生活关系程度、社会道德责任感意识，以及社会行动者权利与利益的扩展空间。

水环境具有整体性、流动性、无界性的特征（余敏江和邹丰，2022），水的自然属性决定政府对水环境的治理无法仅依靠单一区域、单一主体、单一法规等解决，而是需要统筹兼顾、全局考量。应将非人类行动者摆在与人类行动者同等的地位，而非区别对待是行动者网络理论最为独特之处（赵强，2011），为人与自然和谐共处愿景提供一个人与非人相互平等的重要前提。行动者网络理论代表学者拉图尔认为，非人类行动者周围往往存在复杂而强大的网络联结，一个事物在社会上涉及的参与者越多，力量就会越强，越能有效地反驳不那么合理的替代方案（王佃利和付冷冷，2021）。因此，跨流域、跨区域的多元主体协同参与的水环境治理成为现实环境治理中的基本方式。

区域水环境协同治理不仅事关本区域的一体化发展和经济发展，而且同时是实现公共利益、昭示国家公共性的重要方式。由于水环境治理的特殊性，中央政府为提升水环境治理政策的适用性和灵活变通性，采取模糊表达。但模糊表达使得治理难有有效的规制和约束，横向博弈的机会主义倾向严重。水环境治理缺乏对地方政府之间如何协同、各个协同单元的地位和角色，以及协调机构何以产生缺乏法律依据，对府际权责分配表述大多笼统宽泛，缺乏对多方博弈中应当承担的责任、履行的义务、相应惩处机制的翔实规定，导致主体之间出现避责、背叛行为。治理过程是各级政府注入资源，激发企业、NGO、公众充分参与的过程，也是看不见的生态理性再生产的过程。水环境治理是全社会的共有责任，因此需要政府让渡一部分的空间、权力给其他主体，包括企业、社会组织、专家、公众等。打破社会力量、权力不对等、不均衡的格局，将区域内所有行动者纳入一个去边界、去等级、去中心的合作场域中，使得多元主体地位平等、行动自主，营造履约守信、诚信友善、互利共赢的合作型信任氛围。因为网络具有监视和裁决机会主义行为的功能，有助于在网络中行动者相互联结建立一种基于网络层次以上的系统信任，所以网络成员之间拥有一种稳定、互惠、长期的预期（余敏江，2021）。

在城市发展中，经济发展与环境保护往往被理解为相互矛盾的"两张皮"（赵强，2011），两者的平衡难以达到。环境问题也往往存在共生性、跨区域性、流动性等特征（刘柯，2019）。水污染治理中，源头地区和受影响地区之间往往存在地理分隔，因此存在治理成效未反馈于本地区和其他区域的不作为导致本地区的污染双重间隔响应的现实问题。因此，水环境治理的行动者是无区域、无中心—边缘结构的多元主体（余敏江，2021）。同时，由于海湾的特殊生态区位，往往存在有限、重要、丰富的海湾资源，包括且不限于石油资源、渔业资源、生态资源（红树林资源、珊瑚礁资源、濒危保护动物资源等），并呈现为一系列资源依赖性质的重要社会问题、生态问题。

行动者网络的建构过程体现为政策逐步形成完善的过程。行动者模型将政策行动者理解为具有完全理性能力和稳定偏好体系，并追求个人利益最大化的行动主体。行动者在政策互动和策略选择中建构博弈规则，并通过政策博弈对其形塑、再生产、改变（张体委，2020）。由于不同行动者之间存在多元、异质的利益需求与满足需求所需的各类有限、稀缺资源之间的矛盾而产生冲突，因此如何调和矛盾冲突，吸纳更多的潜在行动者是行动者网络建构过程中主要面对的问题。对政策过程和政策结果的解释而言，行动者模型作为行为主义路径，强调了政策博弈的决定作用。应以海湾为基本单元和行动载体，形成整合度较低的问题网络和行动者网络，构建"国家—省—市—海湾"分级的陆海统筹生态环境治理体系。与海湾基本单元利益相关的行动者共同组成"美丽海湾"行动空间。行动者包括人类主体和政策、生态、理念等非人类的异质性要素。

转译是建立行动者网络的基本途径，不断吸收潜在行动者并逐步控制行动者的行为，在理解行动者利益的基础上使各行动者相互协调、趋向共识。转译过程充满利益磋商和观念碰撞，充满利益博弈、理性学习、观念较量（王佃利和付冷冷，2021）。转译成功的关键是要使被转译者满意进入网络后的角色转变。转译过程包括问题呈现、利益共享、征召、动员、异议五个基本环节（赵强，2011）。其中，异议是行动者网络发生演化并不断发展的动力源泉，来自不同行动者主体出于自身利益、认知能力对政策的不满甚至反对。与此同时，存在异议的行动者就是潜在的行动者（王佃利和付冷冷，2021），扩大完善公共政策的行动者网络的过程就是在不断解决异议，吸纳异议的行动者成为网络内行动者的过程。

基于基本理念和与核心行动者利益相一致的治理目标，将实现这一目标所要解决的关键性问题，即"建设美丽海湾"作为OPP，各相关行动者围绕OPP和自身利益，形成行动者网络。其中既存在作为平等关系的政府—企业—非政府组织等人类主体，又包括生态环境（海湾）、政策网络、治理理念、治理方式等非人类主体的异质性要素。全国人民代表大会、国务院、国家政府等作为政策社群网络是美丽海湾建设的核心行动者，在美丽海湾行动者网络的形成和发展中具有不可替代的征召和动员作用，这一网络的封闭性、整合性较高，且具有高度的准入条件，具有强势权威、持久广泛的影响力，总体利益具有一致性，为行动者网络提供导向和指引。各级地方政府及其下属行政部门作为府际网络是行动者网络中最为忠实的参与者，是政策直接、主要的实施主体，负责对政策社群颁布的新政策及时响应、执行、落实，这一网络同样具有较高的封闭性、地方影响力、权威性，并能够调动相当规模的资源。企业和NGO作为重要行动者，在美丽海湾建设工作中承担重要行动者，密切参与建设工作，跟随政策倡议并提供政策反馈，这一网络的成员数量众多，但相互之间存在一定的竞争性，具有相似但复杂的利益趋向。高等院校、专家、技术平台等作为专业网络,为美丽海湾建设行动者网络的构建提供技术、理论支持,进行政策倡议、咨询、建议,是网络体系不断创新的重要力量,这类行动者掌握着独特的智力资源,并一定程度上代表着该领域的利益。除此之外,社会公众、新闻媒体等作为网络中数量上的大多数,是美丽海湾建设行动者网络建构的重要力量,虽然网络关系较为松散,流动性、整合性、稳定性较低,但政策服务于民,在建设服务型政府的过程中,议题网络的成员配合与否是公共政策能否完全落实的重要一环。围绕强制通行点,对各行为者进行利益赋予,确立各自在美丽海湾问题单元中担任的角色。通过征召、动员全体行动者,使得各行动者产生具体行为。但由于各行动者之间存在利益差异、冲突,会出现异议,并通过绩效成果进行反馈,从而促使各级行为者以问题为导向,对政策、条例等要求进行修改或完善,最终实现目标。

行动者网络理论视角下的美丽海湾建设政策具有社会性、自然性、开放性等特征,随着网络内行动者数量的增减,转译过程的成败,形成的网络边界不断变化、网络整合度不一的复杂网络。从自然层面看,自然要素的流动性、环境问题的共生性、跨流域性要求政策的制定和执行跨区域、跨领域,环境问题的解决方案具有综合性、统筹性、跨学科性;从社会层面看,随着跨地区的社会流动愈加频繁,冲击了人群所属的原有地理边界,要求政策具有更大尺度的普及性、灵活性和适用性。美丽海湾建设的行动者网络体系既强调地方性,观察分析地方政策对行动者的作用,不同地方因地制宜,结合当地的自然区位、经济条件、社会基础建设符合地方特征的美丽海湾;又强调全球性、跨区域,借开放性网络联结更大尺度的行动者(王佃利和付冷冷,2021),加强区际,乃至国际的经济、环境沟通交流,建设更大尺度的海湾问题交流平台,共同建设美丽海湾。美丽海湾建设行动者网络的有效建构建立在集体价值观、产生相互信任的基础上(章昌平和钱杨杨,2020),要求多元行动者主体、不同整合度的政策网络之间通过有效协商,调整互动关系,最终趋向共识。

行动者网络理论中,任何行动者都是转译者而非中介者(程叶青等,2022),异质行动者之间是平等、共在、互惠的关系,各自代表自身利益、需求(愿望)、兴趣乃至思想。转译过程为建立行动者网络的关键环节和基本途径,是连接行动者网络的关系纽带,包括问题呈现、利益共享、征召、动员、异议五个环节。异质的行动者通过转译过程相互联结、相互嵌入,共同建构行动者网络,同时通过不断的异议、解释、再解释、建构、再建构过程中,逐步界定各自在网络中的角色、功能、定位、权利、义务、利益等,从而形成协调的网络关系,进而形成相对稳定的行动者网络体系。

在行动者网络中,政府、企业、社会多元治理主体存在不同的利益诉求和价值偏好,遵循不同的行动逻辑。在交互影响机制中,形成了不同的治理"行为组合",塑造了不同的治理形态。美丽海湾建设问题的实质是海湾生态环境保护与海湾单元社会经济发展的优先次序难题,表现为从经济发展中受益的"沉默的行动者"与遭受环境污染荼毒的"抗争的行动者"之间呈现出的多元、异质的环境治理诉求（余敏江和邹丰，2022）。面对差异化认知观念和价值偏好的社会群体，构建合理的利益整合结构有效容纳多元权益诉求，成为行动者网络中的重要命题。

二、内生动力和外生动力

（一）组织建设

政府职能的精细化厘定是美丽海湾治理的核心（余敏江，2016）。由于顶层设计的治理理念往往在具体化实践方案中缺乏实质性权力内涵，容易在现实中演变为"一刀切"的"管制型"社会，而或"形式化"的"符号化"社会（余敏江和邹丰，2022），致使理念与现实脱节，无法真正激发正向的社会活力，达成政策目标。浙江精细化厘定政府职能，因地制宜制定地方政策，强化府际网络的治理职能和治理效能，合理配置横向海湾保护防治分工合作、纵向海湾保护资源统一配置，从而对府际网络的环境职能进行专业化、清晰化、细致化的梳理，将各行政部门的职责落实到具体行动要求和任务中。与此同时，对各行政部门的职权和资源进行合理配置和科学优化，减少部门之间的重叠和"灰色地带"，减少各部门之间"踢皮球"，实现政府行政体系与美丽海湾建设、环境治理体系的无缝衔接，优化治理流程，合理串联、并联各类相关的行政资源，形成强大的社会合力，规避治理主体单方"一厢情愿"或者双方"自说自话"的治理困境（余敏江，2021），加强主体间的有效互动和沟通交流。最终建成"事事有人管、事事有人办""最多跑一次"的服务型现代化政府体系，满足民众对美丽海湾建设的期待，实现美丽海湾建设的目标和长期愿景。

政府网络中横向跨部门、跨区域、跨流域协同，是美丽海湾治理的关键所在。浙江不同部门、区域、流域，不同利益主体之间面对环境保护和经济发展之间的冲突存在认知和利益的差异，从而在环境治理政策、治理过程中出现价值、资源、权力结构性分布（余敏江，2016）的碎片化，在政策制定和执行过程中出现阻隔、割裂等问题。美丽海湾建设和环境保护管理职能分散在发改委、农业、林业、国土、水利、海洋、交通、人社、文明办等部门，部门之间存在一定的职能交叉，导致在政策落实和监管职责分配上存在"灰色区域"，也是常出现监管漏洞、"扯皮"等内耗问题的领域。浙江重新整合各部门职责，将治理过程中的各项任务分配到具体部门，做到精细化落实各项职责，加强部门间沟通协作，形成有效沟通、精准衔接、职责明确的美丽海湾建设治理的大平台，打破"各行其是""各管一段"的碎片化状态，最终建立跨区域、跨部门、跨层级、跨行业的协调国家机器的具有丰富内涵和复杂联结关系的美丽海湾建设治理行动者网络体系（余敏江，2021）。

（二）法律法规、制度机制

推动跨区域环境立法，完善环境政策法规标准。完善美丽海湾协同治理、美丽海湾行动者网络建设的立法机制,加强环境立法。减少横向府际网络之间的摩擦冲突,有效降低府际网络之间沟通、交易成本,最大限度降低跨区域、跨部门的府际网络协作的不确定性,促进府际网络在行动者网络治理体系中的有序协同(余敏江,2021)。推动跨区域环境立法和制度建设,组建联合机制、联合政府组织等,同时将顶层设计的治理理念落实到具体部门权责,避免产生因治理职责不明、责任模糊而导致的碎片化、多中心化趋向(余敏江和邹丰,2022)。加强国家自主性的正式制度嵌入,通过制定明确、具体、可操作性强的规制体系,对生态环境协同治理关系进行引导和规范(余敏江,2021)。健全绿色发展激励机制,优化生态环境监管服务,构建"源头预防、过程控制、损害赔偿、责任追究"的现代环境治理体系。推进水生态保护修复的地方性法规,完善野生动植物、濒危动植物、自然保护地保护等相关法规,完善环境监管机制和行政执法机制等生态保护制度法规和相关地方法规。推进生态环境执法能力建设和生态环境信息化建设,建立健全海湾生态环境管理体系,加强基层环保执法力量和联合执法力量,健全完善巡查执法、司法保障等配套监管措施。

健全生态环境治理责任体系,落实党政主体责任,党政同责、一岗双责。压实部门协同治理责任,进一步完善"管发展必须管环保、管生产必须管环保、管行业必须管环保"的工作责任体系。明确问责制、责任制,致力于提高水环境、海湾环境治理效率和治理效能。

加强河长制、湖长制、湾长制、滩长制等精细化、地方化体制建设。由于经济发展与环境保护之间存在矛盾冲突,且无法仅依靠技术发展解决,因此需要政策网络与社会生产者网络双轮驱动,形成动态、整体的构建关系网络,尽力消除制度断裂与制度真空(余敏江和邹丰,2022),共同建构共赢共享共在的公共价值。

加强美丽海湾行动者网络的地方性建设。由于美丽海湾建设治理的宏观设计往往来自专家主导的理性知识,具有封闭性和排斥性特征(余敏江和邹丰,2022),建构宏观政策的操作尺度,有时无法完全与地方实际接轨,产生政策的操作尺度和观察尺度的失衡。因此,将地方风俗、村规民约、市民公约等为代表的地方性知识、地方规范作为治理资源嵌入美丽海湾治理体系(余敏江和邹丰,2022),利于当地行动者更好理解、接受、参与到行动者网络建设中,吸纳本土和基层治理主体,为美丽海湾建设提供灵活有韧性的地方方案,丰富美丽海湾建设战略的内涵。

(三)技术支持

美丽海湾建设从宏观层面上讲是一项体制建设,不断创新发展的技术则是美丽海湾治理体系建设的催化剂(余敏江,2016),因此,技术平台也是美丽海湾综合治理的重要行动者。大数据时代下,智能化技术、人工智能技术、数据库等的高速发展为美丽海湾建设提供了重要的技术支持。通过大数据技术,建立各项生态资源、生物等数据库,构建水环境质量实时监测体系,可以为解决以往环境治理中的"痛点""盲点"提供强大支撑,使得以往无法实现的环境治理环节变得可控、可视、可操作。通过部门联网、数据入库等信息平台建设,实现跨部门、跨区域信息共享、信息协同。动态化、系统化、可视化的大数据、云数据不断为美丽海湾治理提供参考和依据,使每一个环保政策的绩效都可见,让生态环境这一非人类行动者的话语权得到展现,使得非人类行动者的异议可以及时反馈,从而更加及时地不断更新完善美丽海湾建设的行动者网络。

建立信息整合、理性沟通、规则程序机制,建立信息共享、监测合作、机制灵活的网络信息技术平台,精准制定战略规划、分析相关数据、监控远程操作。最终通过技术变革诱导组织变革,实现多层次纵横网络内的治理部门全方位、多空间互联互通(余敏江,2021)。

(四)社会氛围营造

在现代民主中,存在"双重委托"下的责任分配机制,且往往作为政策制定与落实的依据,"双重委托"的核心观点是:将有关自然世界的知识委托给科学家处理;将"社会政治范围"内的知识委托给技术官僚处理(王佃利和付冷冷,2021)。但随着社会不断发展、学术不断推进,越来越多的新生社会问题、公共政策难题需要更加综合的专业知识,而原有的"双重委托"体系下的单科科学家、学者的专业能力和政治角色在这些新的政策过程中备受质疑,出现片面化、割裂化、碎片化倾向。此时,决策者需要面对打破所谓"双重委托"的科学不确定性的挑战,带来一场决策理论和实践的革命。一方面,高等院校、科研机构、技术平台等专业网络成员受到政策社群的政策指引和财政支撑,对现实问题进行前沿的研究、模拟,提供决策咨询、建议。另一方面,加强网络内部成员之间、专业网络与政策社群、府际网络、企业网络、社群网络之间跨网络交流,建设各类交流平台、论坛,加强学术理论与现实问题的接轨,融合跨学科、跨领域的信息、知识、理论,为综合性的美丽海湾建设治理提供多维度的建设性意见。

议题网络为行动者网络中的重要组成部分。当前环境治理、美丽海湾建设仍存在政府"热"民间"冷"(余敏江,2021)的不对称问题,在社会参与治理的过程中,议题网络往往处于政策网络的外延,但在行动者网络中,理应与其他行动者处于平等、协同、共赢的地位,两者之间存在矛盾冲突。环境 NGO 和公众参与"势单力薄",表现为政府对社会组织和公众的环境治理活动赋权赋能不足;企业参与在政策指挥棒下"被动为之",自发性、积极性不高,部分地方政府甚至对企业污染代价转嫁"放任自流"。这些导致在治理体系内部规范性环境政策话语与通俗化公众话语之间存在隔阂,诱发主体间的认同错位,难以形成资源互相依赖的网络体系(余敏江,2021)。

与此同时,在美丽海湾的地方性建设上,存在一体化、跨域化、共生性的生态环境与差异化、多元化的主体文化认知之间的矛盾。认知、文化、价值偏差加剧生态环境协同治理的制度惰性,需要国家强化非正式制度的嵌入(余敏江,2021)。加强环境保护的社会教育、基础教育,加强媒体宣传,动员群众力量共同参与到美丽海湾建设实践中。加强群体共享的价值观与集体理解(环境正义、生态共建、绿色共享)在塑造嵌入对象的战略与目标中的作用和影响(余敏江,2021)。

综上所述,环境保护作为一个需要长期坚持、共同努力的发展任务,必然需要社会公众、团体的参与。社会公众与政府在政策框架体系下应各尽职责、相互合作,形成从预防、防治、修复、监督、反馈等一体的全过程治理,建立起一套政府与社会之间良性沟通、互动协商、理性合作、利益共通、责任连带、成果共享的美丽海湾建设行动者网络体系。

第三节　行动社区的案例

党的十九大报告提出：实施节约优先、保护优先、自然恢复为主的方针，推动以绿色引领的国民经济高质量发展。乡村振兴战略规划的一个基本原则就是"绿色发展"。美丽乡村建设是实施乡村振兴战略的重要实践形式和主要载体，也是实现农民美好生活的重要保障。经济与生态协调发展是推进美丽乡村建设的抓手（马志娟等，2019），生态文明是建设美丽乡村的基础和保证（吴文盛，2019），美丽乡村建设应把握生态人居、生态产业、生态环境和生态文化等方面内容（王晓广，2013）。为加强海洋生态文明建设，2016年国家海洋局实施"蓝色海湾修复整治"行动，推动沿海经济社会可持续发展。通过剖析滨海生态环境保护修复和乡村发展能力重塑之间关系，可以为"绿水青山就是金山银山"提供一个注脚。

一、文献回顾

环境修复视角的乡村发展思想。乡村环境退化主要有："资源魔咒假说"论，认为矿区乡村衰退和环境恶化的根源是产业挤压效应；乡村基础设施供应不足论（孔祥智和卢洋啸，2019）；"生产主义农业的悖论"（Kitchen & Marsden，2010）；多原因论（范凌云等，2015）。理论框架综合为：从生态经济、生态系统服务、生态现代化角度实现农村地域多功能化，即实现商品生产的深化（有机生产、农食对接等）、土地资源利用的广化（土地资源利用多功能化、环境保护生态价值等）、资源再生利用（区域遗产、遗存的活化、再生资源利用、技术推动循环经济等）（Ruth，2006；许黎等，2017）。

行动者网络理论用结构化方式构建多元行动者之间的互动关系（刘宣和王小依，2013），乡村建设问题具有复杂性、多变性、整体性等特征，因此被广泛地运用到乡村建设分析之中。目前行动者网络视角的乡村建设主要分为三类：第一类运用行动者网络分析乡村的空间商品化过程，讨论乡村经济空间重构（陈培培和张敏，2015；王鹏飞和王瑞璠，2017；谢元和张鸿燕，2018），从生产、消费的视角来为乡村发展提供动力；第二类运用行动者网络对乡村的权力关系进行分析，重点解译社会空间重构（郑辽吉，2018；刘伟，2018），强调多元治理对于乡村发展的重要性；第三类论述乡村环境对于乡村发展的重要性，运用行动者网络推动区域生态治理（Chaudhury et al，2017），强调群众参与环境治理本质上属于多元治理体系的一部分。

行动者网络强调人类行动者与非人类行动者（Steen，2010），在研究过程中，一般多强调人类行动者或者集体行动者作用。非人类行动者主体研究案例比较少，王盈盈等(2017)通过农村电商发展，构建乡村关系网络，非人类主体"互联网"颠覆了乡村的传统地方意义，重塑人们对乡村的地方想象。

大湾区开发方兴未艾，特别是蓝湾修复推动村庄建设研究，在国外属于一揽子工程计划(Fischer. et al, 2015)，主要探究强调工程溢出效应和带动作用。国内研究集中在生态修复与村庄建设，强调绿色发展，对于蓝湾修复推动村建设属于起步阶段。

二、案例选择

东岙村地处东傍大沙岙、仙叠岩景区，南望神州海上第一屏的半屏山，西临国家一级渔港——洞头渔港，约有310年建村历史。全村陆域面积0.35平方千米。蓝湾沙滩修复完成后，东岙村旅游产业发展如火如荼。2018年东岙村接待游客达到30万人，旅游综合收入约2亿元，户均收入达到10万元。

东岙村是典型的海岛渔村，2016年，东岙沙滩(如图5-1所示)被列为国家第一批"蓝色海湾整治项目"。东岙村美丽乡村建设实现经济、社会、生态协调发展，验证了"绿水青山就是金山银山"的科学论断。2016—2018年东岙村集体经济快速增长。东岙沙滩修复实现了"水清、岸绿、滩净、湾美、物丰、人和"景象，因此也被称为"海洋生态修复洞头模式"。

a.修复前

b.修复后

图 5-1   东岙沙滩景观修复变化

数据收集主要采用:①政府部门调研。2018年5月针对洞头区政府、洞头区海洋与渔业局、洞头区农林水利局、东屏街道办事处进行结构式访谈。②工程实地勘察与调研。2018年5月到工程公司进行项目访谈。2018年5月、2018年10月、2019年6月分别到东岙村实地勘察。③组织会议调研。2019年6月组织村委会、村民、旅游协会、民宿联盟进行恳谈。④问卷调查。2018年10月、2019年6月分别对游客进行问卷调查，获得样本量425份。通过对行动者深入地了解，确定各行动者的利益基点。

三、社区行动者网络构建

行动者网络理论视阈下,人类和非人类行动者的行为、需求、信息不断地被转化,任意行动的结果都是不可预测的(吴莹等,2008)。转译是行动者网络理论的核心,主要研究网络连接的基本方法,包括问题呈现、强制通行点、利益赋予、征召与动员、消解异议和构建利益共生网络几个环节(艾少伟和苗长虹,2010),通过不同的路径使影响美丽乡村建设的生态环境破坏问题化,通过界定行动者在网络中的角色,使核心行动者与其他行动者结成稳固的利益联盟。同时,核心行动者的问题成为实现其他行动者目标的 OPP(Burga & Rezania,2017),即实施蓝湾生态修复,通过转译使异质行动者集体行动,形成动态、稳定的利益共生网络,最终实现美丽乡村动力重塑,打造一个生态宜居乡村(如图 5-2 所示)。

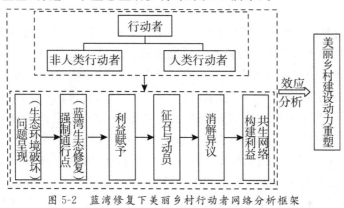

图 5-2　蓝湾修复下美丽乡村行动者网络分析框架

四、东岙村行动者网络的构建与重塑

(1)行动者网络的构建

行动者:人类行动者有国家海洋局、洞头区政府及相关部门(包括洞头区海洋与渔业局、洞头区农林水利局等)、东屏街道办事处、东岙村村委会、工程公司、村民(党员、渔民、个体经营者)、外来资本、游客等;非人类行动者包括土地、房屋(民宿、古民居建筑等)、旅游商品、沙滩、民俗文化、节庆等。

在转译发生前,每个行动者的问题都汇集到OPP,试图通过解决问题而获得可预见的利益或发展(如图 5-3 所示)。

问题呈现与利益赋予:洞头区政府面临的问题是近海环境污染、岸线资源破坏严重,希望通过蓝色海湾整治项目,改善近海海域环境和重塑绿色海岸带。东屏街道办事处关注渔村自然景观破坏严重,缺乏环境整治资金的问题,希望通过花园村庄建设,推动渔村繁荣。东岙村委会的问题呈现为集体经济薄弱,村庄发展乏力,希望通过沙滩修复推动美丽乡村建设。当地村民面临务农、务渔增收难等"三农"问题,希望改善生活品质。非人类行动者则通过沙滩修复实现潜在价值,主要表现为乡村"活化"。

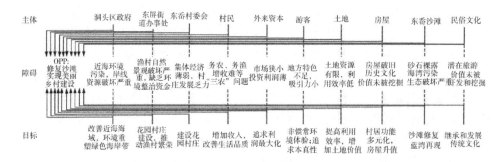

图 5-3 乡村建设的行动者及强制通行点

征召与动员:沙滩修复是蓝色海湾整治项目一项重要内容,它具有资金占用大,准公共物品特性,实施行动者主体只能由政府主导。温州市海洋与渔业局、洞头区海洋与渔业局积极向国家海洋局申报蓝色海湾整治修复项目为关键行动者。关键行动者采取"自上而下"和"自下而上"的方式,征召和被征召其他行动者。

政策动员:国家海洋局响应海洋生态文明建设,推动蓝色海湾整治行动,省、区、市政府积极响应国家海洋局蓝湾整治政策与措施,洞头区成为首批 18 个试点城市之一。东屏街道办事处、东岙村委会也加入行动者网络,行政权力是政策征召的特点,自上而下的征召方式也就成为理所当然。

项目实施征召:落实东岙沙滩修复工作,洞头区海洋与渔业局、东屏街道办事处、工程公司、村委会、村民、沙滩、海洋、村居、地域文化等行动者进入关系网络,实现景观重塑、村容村貌改变和文化内涵提升。

利益相关者征召和动员:运用经济利益对工程公司、东岙湾旅游发展有限公司、村委会、村民、外来资本、土地、村居、游客等进行征召和动员;运用政治利益对洞头区海洋与渔业局、洞头区农林水利局等,以及东屏街道办事处、村委会进行征召;运用生态利益对沙滩景观、海洋生态、土地、人居环境等非人类行动者进行征召。总体上,经济利益征召是人类行动者;政治利益征召是行政机构;生态利益是整个行动者网络的核心,非人类行动者需求更加迫切。因此,可以说行动者网络就是利益攸关者的网络(如图 5-4 所示)。

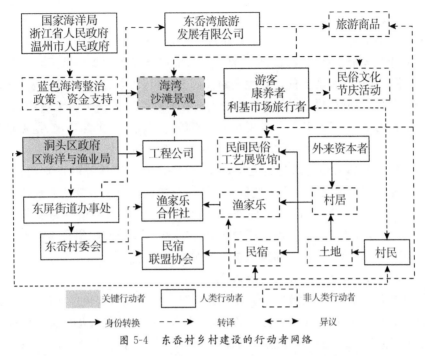

图 5-4 东岙村乡村建设的行动者网络

行动者网络构建完成后,生态修复资金从财政部下拨到温州市洞头区财政局,洞头区政府积极配合,进行了相关资金配套,对工程项目沙滩修复进行设计论证。通过工程招标,项目工程公司进入,洞头区海洋与渔业局、东屏街道办事处、东岙村委会积极参与村容村貌整治,生活污水的栅格化处理,生活垃圾执行"村收集、镇运输、区处置"。为保障沙滩修复,村庄实现建筑红线后退,村民全力配合,形成合力,使沙滩修复工程顺利进行。

(2)行动者网络重塑

关键行动者有选择性地进行征召动员,与其目标一致者征召和被征召,其余排除在外,因此关键行动者决定了整个行动者网络的目标意图。东岙沙滩修复后,村庄发展实现"黄沙"变"黄金"的蝶变。关键行动者变成海滩资源,出现了新OPP,即"打造蓝色海湾,全面建设花园村庄"。关键行动者的转换,引起异议和非利益相关行动者的退出和新行动者的加入。工程公司完成沙滩修复后成为非利益相关者,退出关系网络;区政府、区海洋与渔业局、东屏街道办事处等由台前退到幕后,村委会、村民、资本、非人类主体进入空间博弈。新进入网络行动者有:①新加入行动者:以旅游公司、旅游开发机构为代表的资本集团、大量增加新游客、利基旅游市场行动者(摄影爱好者、写生、绘画艺术者等)、康养者;②东岙村内部产生的组织行动者:民宿联盟协会、渔家乐合作社;③功能转换形成新的行动者:村居变民宿、村居变渔家乐、村居变民间民俗工艺展览馆;④文化活化形成新的行动者:七夕民俗文化风情节、普度节。

地方政府通过媒介(如电视、报纸、网络)对洞同进行推介,特别是央视新闻报道,使"海洋生态修复洞头模式"声名远扬。东岙村是温州大都市区著名的海滩景点,成为都市居民向往的空间。在地食材海鲜与海风、海景、海景民宿,构建体验空间。特别与村民同吃、同住的民宿,是现代旅游本真性追求。游客大量涌入,村庄发展经济富有活力,带动新的行动者加入。新的行动者保护生态环境、挖掘地域文化内涵,增强发展的乡村性、地方性,建立游客与地方的良好连接。村民和外来资本运用渔村符号对民居建筑进行立面改造,打造具有真实体验的民宿和渔家乐。文化节日和民俗工艺展览馆为海岛资源增添文化内涵。村民自觉按照村庄规划建设家园,主动做好垃圾、生活污水处理,共同维护生活、生态环境。为实现合作共赢,行动者主体内部组织成立民宿联盟协会、渔家乐合作社等组织。各利益行动主体为实现村庄可持续发展,共同维护东岙沙滩生态景观。

(3)行动者主体潜在的异议与消解

行动者潜在异议:中央政府的异议是蓝色海湾整治未达到预期效果,其异议手段为撤回整治资金,追究相关责任人的行政、法律责任。区政府及相关部门的异议主要是生态修复的理论与实践差距,如洞头区本岛海洋生态廊道的整治修复在理论上不具有景观生态廊道特性,但其在实践中让游客获得新、奇、特的体验,扩展了旅游空间和景观内容。

在市场经济冲击下村委会威权性减弱,产生"穷庙富和尚"的现象,集体经济薄弱,导致村委会在公共事务中的话语权降低。应提升集体经济能力,集中力量进行公共设施等公共空间建设,实现美丽乡村建设。缺乏资金或管理能力无法开办民宿的村民,对民宿经济的追求与政府规划控制之间矛盾的村民,特别是土地的有限性,房屋建设与村庄风貌、社区文化遗存保护的矛盾;市场竞争形成村民之间的利益矛盾,都形成异议。村委会、村民的内生因素性,有异议影响行动者网络的稳定,但存在退出难的现象。

民宿的示范带动和无序竞争,导致民宿饱和假象形成,使外来资本经营民宿难度大;由于海岛在地食材价格高,海鲜具有时令性,导致明码标价困难,经常出现游客异议,以及民宿服务质量、沙滩拥挤等异议。非人类行动者的潜在异议体现在退化和破坏上。

异议的消解:沙滩修复的科学规划和工程项目的政府和社会资本合作模式(public-private partnership,PPP)共同确保了工程质量。沙滩修复是恢复其自然本底性,洞头沙滩已经经受了超强台风"玛莉亚""利奇马"的考验,政府的异议已经消除。自然资源部把洞头区列入第二批生态修复项目示范区,也体现了项目的达标和空间激励性。生态廊道项目具有回收PPP项目投资性质,扩展了旅游空间,是生态整治的重要补充,强调经济效益和社会效益等空间实践性。因此异议只是少数专家学者,而且均为保留性异议。

各异质行动者需要通过空间协商获得共赢局面。对于村外部行动者,强调规范治理;对村内部行动者,强调治理弹性,运用邻里文化、生态文化协商性地化解矛盾;对于非人类行动者,强调保护、传承、创新。区政府和街道办事处作为协调人,组织村集体、资本、合作社、村民、游客进行磋商,非人类行动者通过政策、法律、法规等约束条件参与磋商,也可以认为非人类行动者的表达是人类行动者共同利益表达。

资本的作用是示范带动,强调旅游推介、景观推介、创新体验空间,实现旅行社＋民宿对接,提出规范化服务标准,磋商重点利益分成与义务对等原则,以消除异议。游客的异议主要体现在惯常消费环境与非惯常消费连接上的偏差,民宿、渔家乐的乡村生产的非正规性,其实就是其鲜活性和本真性。磋商重点:民宿服务标准化与非标准化结合,标准化适用高档民宿,非标准化适用中低档民宿,形成顶板效应;对于时令海鲜,强调菜单价格游客签字确认制度,减少信息不对称形成的异议。在民宿联盟、渔家乐合作社中强调"游客至上"的理念,建立游客异议反馈处理中心,规范化磋商管理。进行合理的环境容量测算,在旅游旺季发布预警报告,减少拥挤发生。

村委会积极担当民宿联盟、渔家乐合作社、节事组织者等角色,实行会员缴费制,提高村集体经济处置能力。运用村委会村庄内部精英优势,会同区海洋与渔业局、区旅游局等组织建立旅游营销网站、游客异议反馈处理中心等,充当内部与外部连接的桥梁纽带。村委会在提供高品质的公共服务如建立民宿联盟推介网站、渔家乐合作社网站、手机小程序推介等为内部经济发展提供增量中解决自身集体经济薄弱的难点,实现双赢。

村民内部矛盾磋商:建房与规划矛盾属于法律范畴,村委会加强沟通解释,避免村民违章搭建产生不必要的损失;建立民宿联盟,对从事民宿、渔家乐的接待人员进行管理、服务专业培训,提高管理与服务技能;运用合作社、联盟有选择地接纳社会资本,盘活村庄房屋存量进行民宿建设,实现发展共享;加强村庄公共服务建设,如养老服务中心、医疗服务中心等,增强村民获得感、家乡认同感以减少异议。

总体上,在关键行为者——海洋沙滩景观的支配下,主体间性高度一致,消解潜在的异议为村庄发展提供动力。

五、美丽海湾重塑社区发展

（1）空间景观商品化

沙滩、海洋等海岛景观符号化,构筑想象空间,整体打包给消费者,形成地方凝视;以民宿为核心,形成非惯常性消费环境;游客需求引起村庄的房屋价格大幅度升值,村民加紧进行房屋功能改造,实现景观绅士化;村民之间自然关系解体,传统邻里关系走向商品化。"卖给游客"强调是最终买主,从而削弱"销售给邻里"的心理影响,这也说明村民对空间商品化的复杂心理。游客生活空间追求本真体验,但实际上却是"漫步渔港、聆听大海的声音;凭海临风,品尝美味海鲜;夜宿沙滩,看星光璀璨"的自我"入魅"。游客的自我"入魅"带来非惯常性消费,使村庄经济再生产高品质运行。生活空间商品化、"入魅"化,使村民、游客进行生活方式的转型与重塑。

(2)发展的内生增长性

村民生产实现转型。在东岙沙滩修复推动下,以民宿、海岛沙滩体验、渔家乐等乡村海岛游为中心,实现产业转型与乡村发展重构。乡村游蓬勃发展,引致外出打工青壮年返乡创业,带来了新的发展和管理理念:利用"民宿+",挖掘景观内涵、文化内涵,创造不同的体验空间,满足游客对海岛居民生活本真性探究等多样性消费需求,实现海岛景观生产与再生产;利用"互联网+",实现营销推介服务;利用血缘、亲缘、业缘与资本合作,推动民宿高档化发展;加强合作共赢,组织民宿联盟协会和渔家乐合作社,形成民宿集群经济。通过旅游带动渔业生产与观光结合,文化生产与观光结合,实现了产业融合,进行产业重塑,提升产业价值。村庄发展逐渐转向"以村民为中心"式内生发展,同时提高东岙村的乡村性。

(3)由政府管理走向多元治理

沙滩修复前东岙村集体经济薄弱,近海海洋渔业锐减,村民以打工经济为主,政府主导实现新农村建设。为推动村庄可持续发展,各利益攸关者纷纷参与村庄建设、管理。资本通过与村民的血缘、亲缘、业缘等关系,参与建设民宿、婚纱摄影、节事组织,实现资本分成。城市资本通过旅游公司,参与村庄建设,规范民宿发展;传统村庄精英,主要是村领导、乡贤(即出外创业成功人士、德高望重人士),通过村集体组织领导村庄发展,他们关注声望和经济,同时考量公平与效率;青年返乡精英关注自身经济利益,积极参与村庄建设。当地政府应吸引新精英入党,引导他们关注公共事务,为美丽乡村建设管理赋能。村民积极配合,与精英圈层连接,采用跟随战略来获得利益。游客异议反馈得到前所未有的重视,成为村庄治理的一部分。非人类行动者也进入治理视野,对沙滩的环境评价、村容村貌、环境卫生评价成为村庄日常治理的中心环节。

(4)网络行动者主体利益共生

沙滩修复使东岙生态景观再现,落实了政府生态文明建设的总要求,实现政府生态利益诉求;沙滩修复、东岙村的村容村貌改善,提高了村民对政府公共服务的满意度。村民利用沙滩资源发展民宿,或从事旅游相关产业,提高了收入水平,实现了经济利益诉求;部分缺乏资本、管理的村民,无法实现民宿经营,但他们出租房屋获得收益,或认为村庄公共设施建设而改善了人居环境,对美丽乡村建设加以支持。以城市旅游公司为主的资本参与建设民宿、发展旅游,参与经济利润分成;游客通过住民宿等体验性消费活动,满足自身对本真的追求,补偿城市日常生活;土地、房屋、沙滩资源和民俗文化等非人类行动者在沙滩修复的带动下也实现了自身的潜在价值。土地、房屋升值,沙滩生态修复、民俗文化内涵得到挖掘,文化得到发扬与传承。因此,东岙沙滩修复满足各行动者主体的利益诉求:政府实现了生态效益、社会效益;村民、资本获得经济效益;游客获得了消解性补偿;非人类主体从生态、价值、传承获得了潜在发展。利益共生性增加了乡村发展的可持续性。

第六章　美丽海湾建设行动展望

从尺度政治的结构化视角出发,在美丽海湾问题网络体系中存在两对主要的矛盾,分别是"自上而下"的政策网络和"自下而上"的行动者网络之间的矛盾,即结构主义和行为主义的矛盾;以及基于操作尺度的政策制定(过程)和基于观察尺度的政策结果之间的矛盾。这两对矛盾并非完全对抗性的矛盾,而是可以通过治理手段协调统筹的,政府决策是"掌舵",服务供给是"划桨"。新公共管理要求更少的"掌舵",更多的"划桨"。

一、政策网络,顶层设计

完善组织建设。坚持党政同责、一岗双责,完善绿色导向的领导责任体系和绩效考核机制。完善环境保护、节能减排约束性指标管理。落实省直各有关单位生态环境保护责任清单,深入实施领导干部自然资源资产离任审计、生态环境损害责任终身追究、生态环境状况报告制度、环境质量综合排名制度。加强中央和省份两级督察衔接联动,健全生态环境保护督察长效机制。推进环境信息依法披露制度改革,完善企业环保信用评价制度。深化生态环境损害赔偿制度改革,严格落实企业污染治理、损害赔偿和生态修复责任。落实生产者责任延伸制度。全面实行排污许可制,强化企业持证排污和按证排污制度。健全环境决策公众参与机制,完善监督举报、环境公益诉讼、环保设施公众开放等机制,鼓励和引导环保社会组织和公众参与环境污染监督治理。

建立省级部门推进规划落实的分工协作机制,明确职责分工,加强规划实施的组织领导,强化指导、协调及监督作用,确保规划顺利实施。沿海各区市政府是美丽海湾保护与建设的责任主体,各级政府要对本辖区的生态环境质量负总责,应根据本规划确定的目标指标和主要任务,结合当地实际情况,制定当地海湾保护建设政策。按照"一湾一策"要求编制各建设单元的美丽海湾保护与建设实施方案。建立部门联动协作机制,各司其职、密切配合,共同推进方案相关任务落实。沿海各区市、各部门要明确年度工作计划,并将其纳入美丽浙江建设重点工作任务书一体推进实施。市、县级政府应将生态保护修复和相关产业发展的空间需求纳入国土空间规划。鼓励社会资本参与生态保护修复方案编制,在符合法律法规政策和规划约束条件的前提下,合理安排生态保护修复区域内各类空间用地的规模、结构、布局和时序。对集中连片开展生态修复达到一定规模和预期目标的生态保护修复主体,允许依法依规取得一定份额的自然资源资产使用权,从事旅游、康养、体育、设施农业等产业开发。

建立健全自然、农田、城镇等生态系统保护修复激励机制。研究制定生态系统碳汇项目参与全国碳排放权交易相关规则,逐步提高生态系统碳汇交易量。健全以社会捐赠方式参与生态保护修复的制度,鼓励参与自然保护地等生态保护修复。通过产权激励,释放产权关联权益。社会资本投资修复并依法获得的土地、海域使用权等相关权益,在完成修复任务后,可依法依规流转并获得相应收益。社会资本将修复区域内的建设用地修复为农用地并验收合格后,腾退的建设用地指标可以优先用于相关产业发展,节余指标可以按照城乡建设用地增减挂钩政策,在省域范围内流转使用。生态保护修复主体将自身依法取得的存量建设用地修复为农用地,经验收合格后,腾退的建设用地指标可用于其在省域范围内占用同地类的农用地。

二、健全"河湖湾滩林长制"长效机制

加快建立管理运行机制,立足于"管长远"。重点突出"分工明确、层次明晰、统筹协调",从两个方面予以体现:一是逐级设立湾(滩)长,试点地区设立总湾长,并依据行政层级向下分级设立各级湾长,各级湾长原则上建议由本级地方党委或政府主要负责人兼任。二是建立专门议事机制和协调运行机制,建立"湾长"会议制度,审议部署重大任务,协调解决重大问题;同时构建多部门共同参与的协调运行机制,承担日常运转、信息通报、绩效考核等具体工作。完善湾长制、滩长制、河长制,建立健全"河湖湾滩林长制"长效机制。

加快制定职责任务清单,重点突出质量改善、系统施治、多措并举,从五个方面确定职责:一是管控陆海污染物排放,组织开展陆源污染排查和整治,逐步推动集中排放、生态排放、深远海排放,推进实施污染物排海总量控制制度和排污许可证制度;二是强化海洋空间资源管控和景观整治,严格控制新增围填海,保护自然岸线,清理整治沿岸私搭乱建和废弃工程,开展海漂垃圾、海滩垃圾和海底垃圾清理工作;三是加强海洋生态保护与修复,强化海洋保护区、海洋生态红线区管控,实施"蓝色海湾""南红北柳""生态岛礁"等整治修复工程;四是防范海洋生态环境灾害风险,加强海洋生态环境灾害和突发事件应急监测体系和能力建设,开展风险源排查;五是强化执法监管,建立日常监管巡查制度和跨部门联合执法监管机制,组织开展定期和不定期的执法巡查、专项执法检查和集中整治行动。

加快构建监督考评体系,重点突出"可监测、可量化、可考核"。一是建立健全考核性监测制度,结合国家和地方已有的监测计划,建立完善服务于监督考评的监测制度和预警通报制度;二是建立考核督查制度,实施分级考核制度,考核结果纳入政绩考核评价体系,完善内部监督机制,定期和不定期开展监督检查工作;三是建立社会监督机制,鼓励向社会公布各类监测、考核结果,定期开展工作满意度调查和意见征询。

本着海陆统筹、河海联动的原则,做好与河长制的衔接工作,构建河海衔接、海陆统筹的协同治理格局,实现流域环境质量和海域环境质量的同步改善,主要是从三个方面进行了细化明确:一是强调试点地区的各级湾长既对本湾区环境质量和生态保护与修复负总责,也负责协调和衔接湾长制与河长制;二是积极做好试点工作与主要入海河流的污染治理、水质监测等工作的衔接,注重"治湾先治河",鼓励试点地区根据海湾水质改善目标和生态环境保护目标,确定入海(湾)河流入海断面水质要求和入海污染物控制总量目标;三是强化与河长制的机制联动,建立湾长、河长联席会议制度和信息共享制度,定期召开联席会议,及时抄报抄送信息,同时在入海河流河口区域设置入海监测考核断面,将监测结果通报同级河长。

开展重点海域综合治理攻坚战行动,开展入海排污口排查整治行动、入海河流水质改善行动、沿海城市污染治理行动、沿海农业农村污染治理行动、海水养殖环境整治行动、船舶港口污染防治行动、岸滩环境整治行动、海洋生态保护修复行动、加强海洋环境风险防范和应急监管能力建设、推进美丽海湾建设。

三、运用行动者网络进行机制重组

资本支持。发挥政府投入的带动作用,提供财税支持政策。探索通过 PPP 等模式引入社会资本开展生态保护修复,符合条件的可按规定享受环境保护、节能节水等相应税收优惠政策。社会资本投资建设的公益林,符合条件并按规定纳入公益林区划的,可以同等享受相关政府补助政策。各级政府要把生态环境保护列为公共财政支出的重点领域,加大对绿色发展、污染治理、生态修复、应对气候变化、环境治理体系和治理能力建设等重点工作的投入力度。完善多元化的生态环境投入机制,积极引导社会资本参与生态环境保护,积极创新各类投融资方式,大力推进生态环境治理市场化。围绕规划目标和重点问题,实施一批生态环境保护重大工程。

加强金融支持。在不新增地方政府隐性债务的前提下,支持金融机构参与生态保护修复项目,拓宽投融资渠道,优化信贷评审方式,积极开发适合的金融产品,按市场化原则为项目提供中长期资金支持。推动绿色基金、绿色债券、绿色信贷、绿色保险等,加大对生态保护修复的投资力度。积极支持符合条件的企业发行绿色债券,用于生态保护修复工程。支持技术领先、综合服务能力强的骨干企业上市融资。允许具备条件的企业发行绿色资产证券化产品,盘活资源资产。健全森林保险制度,鼓励保险机构和有条件的地方探索开展保价值、保产量、保收入的特色经济林和林木种苗保险试点,推进草原保险试点,加大保险产品创新力度,完善灾害风险防控和分散机制。

加强监督机制。建立规划实施年度调度机制,完善规划实施的考核评估机制。将规划目标和主要任务纳入各地、各有关部门政绩考核和"美丽浙江"建设考核评价体系。开展规划实施年度监测,在2023年年中和2025年年底,将对规划执行情况开展中期评估和总结评估,并将评估结果向社会公开。

加强信息公开。充分利用报纸、电视、网络、社交平台和数字媒介等各类媒体,加大规划的宣传力度,定期公布环境质量、项目建设、资金投入等规划实施信息,确保规划实施情况及时公开。充分发挥公众和新闻媒体等社会力量的监督作用,强化环保志愿者的作用,建立规划实施公众反馈和监督机制。

公共参与、还权赋能。鼓励和支持社会资本参与生态保护修复项目投资、设计、修复、管护等全过程,围绕生态保护修复开展生态产品开发、产业发展、科技创新、技术服务等活动,对区域生态保护修复进行全生命周期运营管护。重点鼓励和支持社会资本参与以政府支出责任为主的生态保护修复。对有明确责任人的生态保护修复,由其依法履行义务,承担修复或赔偿责任。

社会资本通过自主投资、与政府合作、公益参与的模式参与美丽海湾建设项目。社会资本单独或以联合体、产业联盟等形式出资开展生态保护修复。也可以按照市场化原则设立基金,投资生态保护修复项目。对有稳定经营性收入的项目,可以采用PPP等模式,地方政府可按规定通过投资补助、运营补贴等方式支持社会资本获得合理回报。鼓励公益组织、个人等与政府及其部门合作,参与生态保护修复,共同建设生态文明。与此同时,社会资本可以从中受益,激发社会资本的投资活力。采取"生态保护修复+产业导入"方式,利用获得的自然资源资产使用权或特许经营权发展适宜产业;对投资形成的具有碳汇能力且符合相关要求的生态系统,申请核证碳汇增量并进行交易;通过经政府批准的资源综合利用获得收益等。

参与程序。结合实际积极探索灵活高效的工作程序,充分调动社会资本参与生态保护修复的积极性。坚持问题导向,依据各级国土空间规划、生态保护修复规划等和有关标准要求,确定生态保护修复任务和重点项目,科学设立生态保护修复项目。在广泛征求社会意见的基础上,合理确定项目生态保护修复方案,明确生态保护修复目标或核心指标、自然资源资产配置及后续产业发展要求等。将生态保护修复方案、相应的自然资源资产配置方案、各类指标转让及支持政策等一并公开,通过竞争方式确定生态保护修复主体暨自然资源资产使用权人,并签订生态保护修复协议和土地出让合同等自然资源资产配置协议,明确修复要求、各方权利义务和违约责任,从而通过公开竞争引入生态保护修复主体。探索建立自然资源资产与生态保护修复产品的交易渠道,公开发布产品交易规则、企业信用评级等信息,依托公共资源交易平台体系,规范开展生态保护修复产品市场化交易。

四、生态主体:保护与发展

(一)完善生态安全屏障体系

强化国土空间规划和用途管控,划定落实生态保护红线、永久基本农田、城镇开发边界,以及各类海域保护线。以国家重点生态功能区、生态保护红线、国家级自然保护地等为重点,实施重要生态系统保护和修复重大工程,加快推进青藏高原生态屏障区、黄河重点生态区、长江重点生态区和东北森林带、北方防沙带、南方丘陵山地带、南方海岸带等生态屏障建设。加强长江、黄河等大江大河和重要湖泊湿地生态保护治理,加强重要生态廊道建设和保护。全面加强天然林和湿地保护,湿地保护率提高到55%。科学推进水土流失和荒漠化、石漠化综合治理,开展大规模国土绿化行动,推行林长制。科学开展人工影响天气活动。推行草原、森林、河流、湖泊休养生息,健全耕地休耕轮作制度,巩固退耕还林还草、退田还湖还湿、退围还滩还海成果。

健全生态保护补偿机制。加大重点生态功能区、重要水系源头地区、自然保护地转移支付力度,鼓励受益地区和保护地区、流域上下游通过资金补偿、产业扶持等多种形式开展横向生态补偿。完善市场化多元化生态补偿,鼓励各类社会资本参与生态保护修复。完善森林、草原和湿地生态补偿制度。推动长江、黄河等重要流域建立全流域生态补偿机制。建立生态产品价值实现机制,在长江流域和三江源国家公园等开展试点。制定实施生态保护补偿条例。

国土生态文明建设是通过现代化的国土空间治理形成的物质、精神和生态文明的总和。国土生态文明是生态文明建设的重要空间核心,空间绿色动能的释放将会快速推进我国生态文明建设的进程。因此,通过山水林田湖草沙生命共同体建设,是以自然观方式推进"安全、绿色、高效、法制、和谐"的国土生态文明建设必由之路。

(二)建设山水林田湖草沙生命共同体

山水林田湖草沙生命共同体是多层次国土空间上发生的各种能量、物质、信息传导关系,是密切、频繁而复杂的耦合系统。在一定秩序的国土空间上为人类提供生态系统服务和生态产品的相互作用、相互依赖、相互制约的自然有机整体。山水林田湖草沙具有空间性、交互性、系统性、动态性的特征。空间性是山水林田湖草沙生命共同体的第一属性,在国土空间上呈现出不同的空间形态,其数量、质量、组分等均具有很强的空间差异性。山水林田湖草沙生命共同体的空间性决定了为人类提供生态系统服务和生态产品的品质多样性和差异性。系统性是山水林田湖草沙生命共同体的核心特征,各类国土空间要素是在一定秩序的国土空间上为人类提供生态系统服务和生态产品的相互作用、相互依赖、相互制约的自然有机整体。整个山水林田湖草沙生命共同体系统及每个子系统都是一个开放系统,生命共同体内部子系统之间以及生命共同体与外部都存在着能量、物质、信息的交互耦合。山水林田湖草沙生命共同体内部与外部交互构成一个具有一定强度和自适应性的稳态链。山水林田湖草沙生命共同体的子系统在时空尺度中不断发展变化的,并且影响山水林田湖草沙生命共同体的各种因素均在不断变化,因此,在交互耦合作用下,山水林田湖草沙生命共同体也处于不断的动态变化过程中。

山水林田湖草沙生命共同体从本质上讲是构成国土空间的自然资源要素,也是自然生态空间的一部分,每一类要素存在的直接依附载体则为自然生态空间。从空间构型上看,可以将生态空间理解为山水林田湖草沙等生态功能性用地和完整的食物链,以及非生态因子组成的复合空间,即自然生态空间等同于生态用地+生物链+非生态因子。

建设山水林田湖草沙生命共同体的核心问题是正确处理人与自然的关系问题。要以全局视角构建国土空间生态屏障,从国土空间要素、格局、连通性、受损度及生态系统胁迫等方面,基于本地参考生态系统,从生命共同体数量、质量、结构、系统服务功能及系统稳定性等方面,诊断区域国土空间存在的关键生态问题与堵点,分析成因,明确国土空间生态修复对象,聚焦山水林田湖草沙生命共同体结构性、现势性、时空性的核心问题。

(三)保护生物多样性

生物多样性减少和生态系统退化对人类生存和发展构成重大风险。习近平主席对此开出"药方":"我们要同心协力,抓紧行动,在发展中保护,在保护中发展,共建万物和谐的美丽家园"①。

保护海洋生态系统和生物多样性。完善海洋自然保护地网络,构建以海岸带、海岛链和自然保护地为支撑的"一带一链多点"海洋生态安全格局。加快建立以国家公园为主体、自然保护区为基础、各类自然公园为补充的海洋自然保护地体系,将生态功能重要、生态系统脆弱、自然生态保护空缺的区域纳入自然保护地体系。

---

① 出自《为推进全球生态文明建设注入信心与力量——习近平主席在联合国生物多样性峰会上的重要讲话引发国际热烈反响》.人民日报

开展全国海洋自然保护地现状调查评估,加强海洋自然保护地监测预警。加强海洋生态系统保护。严守海洋生态保护红线,开展海洋生态保护红线勘界定标,实现红线精准落地。加快制定海洋生态保护红线管控制度,鼓励地方配套出台细化的生态保护红线管控措施。加强对珊瑚礁、红树林、海草床、牡蛎礁、河口、海湾、海岛等生态系统保护,维护和提升海洋生态系统质量和稳定性。严格保护自然岸线,清理整治非法占用自然岸线、滩涂湿地等行为,自然岸线保有率不低于35%。探索海岸建筑退缩线制度。严格围填海管控,除国家重大项目外,全面禁止围填海,加强海域海岛资源开发保护过程中的生态环境管理。

加强海洋生物多样性保护。健全海洋生物多样性调查、监测、评估和保护体系。开展近岸海域生态系统、重点生物物种及重要生物遗传资源调查,强化近岸海域、海岛等重点区域外来入侵物种的调查、监测、预警、控制、评估、清除等工作。建立健全海洋生物多样性监测评估网络体系。统筹衔接陆海生态保护红线、各类海洋自然保护地等,恢复适宜海洋生物迁徙、物种流通的生态廊道。加强渔业资源调查监测,及时掌握资源变动情况,推进实施海洋渔业资源总量管理制度。加强渤海、长江口等重点海域禁渔休渔管理。加大"三场一通道"(产卵场、索饵场、越冬场和洄游通道)以及长江口等特殊区域的保护力度,有效保护候鸟迁徙路线和栖息地。积极开展水生生物增殖放流活动,推动现代海洋牧场建设,逐步恢复海洋生物资源。加强外来物种入侵管控,强化互花米草等入侵严重区域的从严管控和综合治理。2025年底前,沿海各省(区、市)将完成海洋生物多样性本底调查,并建立海洋生物多样性监测网络。

恢复修复典型海洋生态系统。充分利用海洋生态系统调查监测结果,加强生态修复前期论证和适宜性评价,准确识别和诊断生态问题,合理确定生态修复的目标任务。坚持陆海统筹、河海联动,以提升生态系统质量和稳定性为导向,整体推进海岸带生态保护修复,重点推动入海河口、海湾、滨海湿地与红树林、珊瑚礁、海草床等典型生态系统保护修复和海岸线、砂质岸滩等的整治修复工作。强化海洋生态保护修复项目跟踪监测,掌握修复区域生态和减灾功能提升情况。沿海各省(区、市)完善重大生态修复工程论证、实施、管护、监测机制,确保海洋生态保护修复工程科学有效。推进人工岸线生态化建设。根据海岸带区域现状、生态禀赋、海洋灾害等自然条件,基于灾害防御能力不降低、生态功能有提升、经济合理可行的原则,综合判定人工岸线生态化建设区域。对在海洋灾害易发多发的滨海湿地区建设的海堤,因地制宜开展海堤生态化建设,促进生态减灾协同增效。对已建设的连岛海堤、围海海堤或海塘科学开展可行性论证,逐步实施海堤开口、退堤还海等生态化整治与改造,恢复海域生态系统完整性。依法整治或拆除不符合生态保护要求、不利于灾害防范的沿岸建设工程。加快海岛生态修复。科学实施海岛生态系统保护与修复,对岛体、岸滩损坏严重、生态功能退化的海岛,修复受损海岛生境及周边海域生态环境;对在鸟类和重要物种迁徙通道上的海岛以及其他重要生态价值海岛实施海岛珍稀濒危物种保育和栖息地修复。持续推进生态海岛建设,改善海岛生态环境与基础设施,恢复海岛地形地貌和生态系统,提升海岛生态功能和品质。严控新增用岛活动,加强海岛管理保护。

加强典型海洋生态系统常态化监测监控。采用遥感监测、现场调查、野外长期监控等多技术手段,深化拓展海湾、河口、红树林、珊瑚礁、海草床、滩涂湿地等典型海洋生态系统健康状况监测评估,加快构建海洋生态监测监控网络。探索开展长江口、渤海等重点区域海洋生态系统质量和稳定性评估,诊断识别人为活动、气候变化等对海洋生态系统的影响。加大海洋自然保护地和生态保护红线监管力度。加快制定海洋生态保护红线监管制度。持续开展"绿盾"自然保护地强化监督,积极推进海洋自然保护地生态环境监测,定期开展国家级海洋自然保护地生态环境保护成效评估。充分依托现有平台设施,完善全国生态保护红线监管平台,利用卫星遥感、无人机和现场巡查等手段,加大对海洋生态保护红线的常态化监管和监控预警,提升海洋生态保护红线管理信息化水平。2025年底前,海洋生态保护红线将全部纳入国家和地方生态保护红线监管平台。加强海洋生态修复监管和成效评估。建立海洋生态修复监管和成效评估制度,加快制定覆盖重点项目、重大工程和重点海域,以及贯穿问题识别、方案制定、过程管控、成效评估等有关配套措施及标准规范。加强对海洋生态修复工程项目的分类监管和成效评估,扎实推进中央和地方生态环保督察查处的海洋生态破坏区整治修复。加强对沿海各级政府、各有关部门和责任单位的海洋生态修复履职情况的监督。2025年底前,海洋生态修复监管和成效评估制度基本建立并常态化实施。

健全海洋生态预警监测体系。推进典型海洋生态系统预警监测。依托海洋生态调查成果,布局建设海洋生态监测站,发展野外定点精细化监测能力和配套室内测试、分析评价、样品数据保存能力。针对生态受损问题和潜在风险,遴选关键物种、关键生境指标、关键威胁要素实施动态监测,跟踪生态问题动态变化。探索建立典型海洋生态系统预警等级,制作发布典型海洋生态系统预警产品。2025年底前,海洋生态预警监测指标体系将基本成型,并发布一批具有科学性、指导性的预警产品。强化海洋生态灾害预警监测。开展赤潮高风险区立体监测,掌握赤潮暴发种类、规模、影响范围及危害等级,提高预警准确率。加强浒苔绿潮监测与防控效果评估,全过程跟踪浒苔附着生长、漂浮、聚集、暴发情况。拓展马尾藻、水母、长棘海星等新型生物暴发事件预警监测,跟踪掌握海洋生态灾害暴发种类、规模、影响范围,及时发布预警信息,不断提高预警准确率。

加强生物多样性保护,习近平总书记发出号召:"保持自然生态系统的原真性和完整性,保护生物多样性。"①让我们携起手来,秉持生态文明理念,共同构建地球生命共同体,共同建设清洁美丽的世界。

(四)做好环境污染治理

深入打好污染防治攻坚战,建立健全环境治理体系,推进精准、科学、依法、系统治污,协同推进减污降碳,不断改善空气、水环境质量,有效管控土壤污染风险。

坚持源头防治、综合施策,强化多污染物协同控制和区域协同治理。完善水污染防治流域协同机制,加强重点流域、重点湖泊、城市水体和近岸海域综合治理,推进美丽河湖保护与建设,化学需氧量和氨氮排放总量分别下降8%,基本消除劣V类国控断面和城市黑臭水体。开展城市饮用水水源地规范化建设,推进重点流域重污染企业搬迁改造。推进受污染耕地和建设用地管控修复,实施水土环境风险协同防控。加强塑料污染全链条防治。加强环境噪声污染治理。重视新污染物治理。

全面提升环境基础设施水平,构建集污水、垃圾、固体废弃物、危险废弃物、医疗废弃物处理处置设施和监测监管能力于一体的环境基础设施体系,形成由城市向建制镇和乡村延伸覆盖的环境基础设施网络。推进城镇污水管网全覆盖,开展污水处理差别化精准提标,推广污泥集中焚烧无害化处理,城市污泥无害化处置率达到90%,地级及以上缺水城市污水资源化利用率超过25%。建设分类投放、分类收集、分类运输、分类处理的生活垃圾处理系统。以主要产业基地为重点布局危险废弃物集中利用处置设施。加快建设地级及以上城市医疗废弃物集中处理设施,健全县域医疗废弃物收集转运处置体系。

严密防控环境风险,建立健全重点风险源评估预警和应急处置机制。全面整治固体废物非法堆存,提升危险废弃物监管和风险防范能力。强化重点区域、重点行业重金属污染监控预警。健全有毒有害化学物质环境风险管理体制,完成重点地区危险化学品生产企业搬迁改造。严格核与辐射安全监管,推进放射性污染防治。建立生态环境突发事件后评估机制和公众健康影响评估制度。在高风险领域推行环境污染强制责任保险。

健全现代环境治理体系,建立地上地下、陆海统筹的生态环境治理制度。全面实行排污许可制,实现所有固定污染源排污许可证核发,推动工业污染源限期达标排放,推进排污权、用能权、用水权、碳排放权市场化交易。完善环境保护、节能减排约束性指标管理。完善河湖管理保护机制,强化河长制、湖长制。加强领导干部自然资源资产离任审计。完善中央生态环境保护督察制度。完善省以下的生态环境机构监测监察执法垂直管理制度,推进生态环境保护综合执法改革,完善生态环

---

① 出自《总书记心中的美丽中国·生物多样性 共建万物和谐的美丽家园》.人民网

境公益诉讼制度。加大环保信息公开力度,加强企业环境治理责任制度建设,完善公众监督和举报反馈机制,引导社会组织和公众共同参与环境治理。

（五）积极开展湾区的生态修复

自然生态系统保护修复。针对受损、退化、功能下降的森林、草原、湿地、荒漠、河流、湖泊等自然生态系统,开展防沙治沙、石漠化防治、水土流失治理、河道保护治理、野生动植物种群保护恢复、生物多样性保护、国土绿化、人工商品林建设等。全面提升生态系统碳汇能力,增加碳汇增量,鼓励开发碳汇项目。科学评估界定自然保护地保护和建设范围,引导当地居民和公益组织等参与科普宣教、自然体验、科学实验等活动和特许经营项目。

农田生态系统保护修复。针对生态功能减弱、生物多样性减少、开发利用与生态保护矛盾突出的农田生态系统,开展全域土地综合整治,实施农用地整理、建设用地整理、乡村生态保护修复、土地复垦、生物多样性保护等,改善农田生境和条件。

城镇生态系统保护修复。针对城镇生态系统连通不畅、生态空间不足等问题,实施生态廊道、生态清洁小流域、生态基础设施和生态网络建设,提升城镇生态系统质量和稳定性。

海洋生态保护修复。针对海洋生境退化、外来物种入侵等问题,实施退围还滩还海、岸线岸滩整治修复、入海口海湾综合治理、海岸带重要生态廊道维护、水生生物资源增殖、栖息地保护等。探索在不改变海岛自然资源、自然景观和历史人文遗迹的前提下,对生态受损的无居民海岛开展生态保护修复的途径,允许适度生态化利用。

探索发展生态产业。鼓励和支持投入循环农（林）业、生态旅游、休闲康养、自然教育、清洁能源及水资源利用、海洋生态牧场等;发展经济林产业和草、沙、竹、油茶、生物质能源等特色产业;参与河道保护和治理,在水资源利用等产业中依法优先享有权益;参与外来入侵物种防治、生物遗传资源可持续利用,推广应用高效诱捕、生物天敌等实用技术;开展产品认证、生态标识、品牌建设等工作。

构建自然保护地体系。科学划定自然保护地保护范围及功能分区,加快整合归并优化各类保护地,构建以国家公园为主体、自然保护区为基础、各类自然公园为补充的自然保护地体系。严格管控自然保护地范围内非生态活动,稳妥推进核心区内居民、耕地、矿权有序退出。完善国家公园管理体制和运营机制,整合设立一批国家公园。实施生物多样性保护重大工程,构筑生物多样性保护网络,加强国家重点保护和珍稀濒危野生动植物及其栖息地的保护修复,加强外来物种管控。完善生态保护和修复用地用海等政策。完善自然保护地、生态保护红线监管制度,开展生态系统保护成效监测评估。

五、人类主体：加快价值捕捉，实现共享共建

生态发展如果仅仅依靠政府投资与整治，则投资周期长成本高，产生的外部性特征容易引发"搭便车"行为，导致效率低下。而且美丽海湾建设的公共物品属性，使项目回收存在风险；面对这种风险，应根据领域性原则，对边界明确的项目进行精准捕捉，边界模糊的项目价值直接让利于民，从而减少项目捕捉的阻碍，促进项目快速实施。

（一）加强价值捕捉，提升内生动力

1.生态价值捕捉

游客通过旅游观赏捕捉美丽海湾建设的生态价值，这种价值捕捉是无形的，不能带来直接的经济价值，只能表现为体验价值。生态旅游的景观凝视价值越高，游客游览意愿越强，有可能带来更多游客消费，为村庄旅游带来潜在价值。

2.经济价值捕捉

政府和企业、村民共同对有明确边界进行精准捕捉。由于旅游景观的分散性、外溢性，价值捕捉困难，为了实现更精准的价值捕捉，打造"众星捧月"的旅游凝视效应，港口进行了清淤疏浚、破堤通海、村庄环境改善等工程，改善了水质、生物多样性、村庄环境，提高了区域的观赏性。

将部分经济利益让渡于民，沿途村庄集中整治也为村民提供免费"搭车"服务。美丽海湾是开放空间，由于其边界不明确，政府、企业难以进行价值捕捉，因此让利于民，使当地村民实现自我管理。沿途村庄集中整治，整体提升村庄环境，村民通过农家乐、民宿、房地产溢价实现经济价值捕捉。

3.片区综合溢出价值捕捉

对美丽海湾以及沿线村庄进行集中整治，促进了湾区的整体生态环境改善、旅游景观提质、经济发展，片区整体价值提升，产生溢出效应。政府通过房地产溢价、税收进行价值捕捉。

（二）共建、共治、共享

价值捕捉是整个项目治理的关键所在，蓝湾修复项目的公共物品属性和外溢性增加了价值捕捉的难度和项目风险，为了应对这种风险，在价值捕捉的过程中，要充分考虑价值类型以及不同主体的捕捉，进行价值协商。NGO由于自身不进行价值捕捉，因此在捕捉协商中发挥着重要作用，能公平公正地协调各主体的价值分配。根据景观的边界实现政府和企业的精准捕捉和村民捕捉，实现价值共享，民众作为最大受益者，免费"搭车"，获得多样化收入来源，民富程度提升，有利于增强民众的自主参与管理意识（如图7-1所示）。

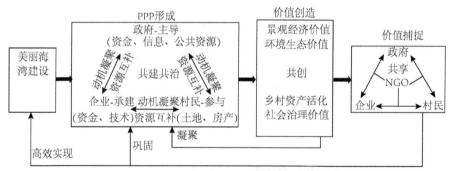

图 7-1　美丽海湾建设的价值创造与价值实现模式

(三)建立新公共管理的美丽海湾行动者治理体系

推动数字赋能,加强美丽海湾行动智治水平建设。坚持"整体智治、唯实唯先"理念,以数字化改革为牵引,加强生态环境执法和监测能力建设,加快新一代数字技术的集成应用,全面提升科技创新能力,系统提升生态环境治理能力。推进生态环境数字化改革、环境执法能力建设、环境监测能力建设,加强生态环境科技创新。

优化调整产业结构、能源结构。全面实施以"三线一单"为核心的生态环境分区管控体系,开展重点区域、重点流域、重点行业和产业布局的规划环评,充分发挥生态环境功能定位在产业布局结构中的基础性约束作用。

六、深化资源友好型社会建设

坚持生态优先、绿色发展,推进资源总量管理、科学配置、全面节约、循环利用,协同推进经济高质量发展和生态环境高水平保护。

全面提高资源利用效率,坚持节能优先方针,深化工业、建筑、交通等领域和公共机构节能,推动 5G、大数据中心等新兴领域能效提升,强化重点用能单位节能管理,实施能量系统优化、节能技术改造等重点工程,加快能耗限额、产品设备能效强制性国家标准制修订。实施国家节水行动,建立水资源刚性约束制度,强化农业节水增效、工业节水减排和城镇节水降损,鼓励再生水利用,单位 GDP 用水量下降。加强土地节约集约利用,加大批而未供和闲置土地处置力度,盘活城镇低效用地,支持工矿废弃土地恢复利用,完善土地复合利用、立体开发支持政策,新增建设用地规模控制在 2950 万亩以内,推动单位 GDP 建设用地使用面积稳步下降。提高矿产资源开发保护水平,发展绿色矿业,建设绿色矿山。

构建资源循环利用体系,全面推行循环经济理念,构建多层次资源高效循环利用体系。深入推进园区循环化改造,补齐和延伸产业链,推进能源资源梯级利用、废物循环利用和污染物集中处置。加强大宗固体废弃物综合利用,规范发展再制造产业。加快发展种养有机结合的循环农业。加强废旧物品回收设施规划建设,完善城市废旧物品回收分拣体系。推行生产企业"逆向回收"等模式,建立健全线上线下融合、流向可控的资源回收体系。扩展生产者责任延伸制度覆盖范围。推进快递包装减量化、标准化、循环化。

大力发展绿色经济,坚决遏制高耗能、高排放项目盲目发展,推动绿色转型实现积极发展。壮大节能环保、清洁生产、清洁能源、生态环境、基础设施绿色升级、绿色服务等产业,推广合同能源管理、合同节水管理、环境污染第三方治理等服务模式。推动煤炭等化石能源清洁高效利用,推进钢铁、石化、建材等行业绿色化改造,加快大宗货物和中长途货物运输"公转铁""公转水"。推动城市公交和物流配送车辆电动化。构建市场导向的绿色技术创新体系,实施绿色技术创新攻关行动,开展重点行业和重点产品资源效率对标提升行动。建立统一的绿色产品标准、认证、标识体系,完善节能家电、高效照明产品、节水器具推广机制。深入开展绿色生活创建行动。

构建绿色发展政策体系,强化绿色发展的法律和政策保障。实施有利于节能环保和资源综合利用的税收政策。大力发展绿色金融。健全自然资源有偿使用制度,创新完善自然资源、污水垃圾处理、用水用能等领域价格形成机制。推进固定资产投资项目节能审查、节能监察、重点用能单位管理制度改革。完善能效、水效"领跑者"制度。强化高耗水行业用水定额管理。深化生态文明试验区建设。深入推进山西国家资源型经济转型综合配套改革试验区建设和能源革命综合改革试点。

七、贯彻人与自然和谐共生理念,建立美丽宜居城市

党的十八大以来先后召开的中央城镇化工作会议和中央城市工作会议等,要求"着力解决城市病等突出问题,不断提升城市环境质量、人民生活质量和城市竞争力,建设和谐宜居、富有活力、各具特色的现代化城市"。

在发展理念上,要推动城市从"为增长而发展"转向"以人民为中心的发展"。党的十九大突出强调了"以人民为中心"的发展思想,凸显了习近平新时代中国特色社会主义鲜明的价值取向。习近平总书记强调,人民群众对城市宜居生活的期待很高,城市工作要把创造优良人居环境作为中心目标[①]。这意味着城市不仅是经济增长的中心,而且是人民美好生活的家园,经济建设是发展手段而不是发展目的。在发展方式上,要推动城市从依靠土地和人口资源红利的规模外延扩张转向重视内涵提升、依靠创新发展和服务升级。这种转变,既是经济增长动力转换的结果,也是土地资源发展约束的结果。《中共中央关于制定国民经济和社会发展第十

---

① 出自《在中央城市工作会议上的讲话》(2015 年 12 月 20 日)

四个五年规划和 2035 年远景目标的建议》中明确提出推进以人为核心的新型城镇化,实施城市更新行动。这就对城市建设发展提出相应的管理要求,相应地也要从增量为主,转向增量存量并重、并逐渐以存量优化为主,从支持大规模集中式建设为主,转向更加鼓励小规模渐进式有机更新,更加重视个性化设计、特色化建设和精细化管理,从"规模供给"转向"品质供给"。工作方法上,要推动从碎片化解决城市问题转为城市系统治理。在以速度增长为导向的建设发展年代,形成了以快为取向、就事论事解决问题的方法和碎片化的思维惯性,习惯于孤立地去解决诸如住房、交通、绿化、地下管线等单项问题,这种工作方法虽然解决了眼前、短期问题,但从长远看却是对社会资源的浪费,是城市治理能力不足的表现。系统观念、系统治理不仅是解决城市现实问题的需要,而且是中共十九届四中、五中全会明确的提高治理效能的首要途径。推动城市高质量发展,需要从住房和建设系统自我革新做起,不仅要大处着眼,而且要小处着手,从每一个项目的系统化思考谋划、集成化解决问题和精细化建设管理做起。

加快推进美丽宜居城市建设,要坚持问题导向、民生优先,围绕群众关注的"城市病"问题,将民生实事落地与美丽宜居城市建设紧密衔接,以居民对城市建设和民生改善成效的满意度为优先考量,尽力而为、量力而行。坚持因地制宜、突出特色,遵循城市发展规律、推动城市有机更新,根据不同城市的实际情况确定工作重点,推动城市个性化发展,彰显城市地域特色魅力。坚持系统观念、综合推动,加强系统化思维,注重专项工作创新提升和区域集成综合改善相结合,整合城市建设各类资源,改革创新城市建设管理方式,提高工作的整体性、系统性和协调性。坚持渐次推进、动态提升,紧扣近期和中长期目标,结合美丽宜居住区、街区、小城镇、城市试点创建,强化设计引领和科技支撑,推动渐进改善、久久为功,做一块、成一块,做一片、成一片,连点成片、连块成片。

参考文献

艾少伟,苗长虹. 2010. 从"地方空间""流动空间"到"行动者网络空间":ANT 视角
　　[J]. 人文地理,25(2):43-49.

安太天,高金柱,李晋,等. 2022. 基于陆海统筹的海岸带空间功能分区——以宁波
　　市为例[J]. 海洋通报,41(3):315-324.

曹飞凤,代可,陶琦茹,等. 2020. 杭州湾区近岸海域污染状况分析及治理对策研究
　　[J]. 环境科学与技术,43(10):60-69.

曹可,张志峰,马红伟,等. 2017. 海洋功能区划的海域开发利用承载力评价——以
　　津冀海域为例[J]. 地理科学进展,36(3):320-326.

陈培培,张敏. 2015. 从美丽乡村到都市居民消费空间——行动者网络理论与大世
　　凹村的社会空间重构[J]. 地理研究,34(8):1435-1446.

陈琼. 2022. 海上污染排放控制区边界效应分析[D]. 上海:上海海事大学,82.

陈思杨,宋琍琍,刘希真,等. 2020. 浙江典型海湾潮间带沉积物污染及生态风险评
　　价[J]. 中国环境科学,40(4):1771-1781.

陈玉荣. 2018. 蓝色跨越——中国海洋强国的生态逻辑[M]. 北京:中国水利水电
　　出版社.

程叶青,王婷,黄政,等. 2022. 基于行动者网络视角的乡村转型发展机制与优化路
　　径——以海南中部山区大边村为例[J]. 经济地理,42(4):34-43.

段亚明,黄安,卢龙辉,等. 2023. "生产—生活—生态"空间的概念与理论研究[J].
　　中国农业大学学报,28(4):170-182.

范凌云,刘雅洁,雷诚. 2015. 生态村建设的国际经验及启示[J]. 国际城市规划,30
　　(6):100-107.

冯佳凝,刘荣娟,濮励杰,等. 2022. 基于陆海统筹的南通市国土空间开发适宜性评
　　价[J]. 资源科学,44(2):299-308.

盖兆雪,陈旭菲,杜国明,等. 2022. 松花江流域哈尔滨段三生空间演变的生态环境
　　效应及驱动因素分析[J]. 水土保持学报,36(1):116-123.

高彬嫔,李琛,吴映梅,等. 2021. 川滇生态屏障区景观生态风险评价及影响因素

[J]. 应用生态学报,32(5):1603-1613.

高星,刘泽伟,李晨曦,等. 2020.基于"三生空间"的雄安新区土地利用功能转型与生态环境效应研究[J]. 生态学报,40(20):7113-7122.

郜钧璋,马志凯,陈锋,等. 2016.乐清湾滩涂表层沉积物重金属污染及潜在生态风险评价[J]. 海洋湖沼通报,(5):44-49.

韩松林,梁书秀,孙昭晨. 2014.基于 FVCOM 的象山港海域潮汐潮流与温盐结构特征数值模拟[J]. 水道港口,35(5):481-488.

候勃,岳文泽,马仁锋等. 2022.国土空间规划视角下海陆统筹的挑战与路径[J]. 自然资源学报,37(4):880-894.

胡恒,黄潘阳,张蒙蒙. 2020.基于陆海统筹的海岸带"三生空间"分区体系研究[J]. 海洋开发与管理,37(5):14-18.

纪学朋,黄贤金,陈逸,等. 2019.基于陆海统筹视角的国土空间开发建设适宜性评价——以辽宁省为例[J]. 自然资源学报,34(3):451-463.

江颂,蒙吉军. 2021.土地利用冲突研究进展:内容与方法[J]. 干旱区地理,44(3):877-887.

金翔龙. 2014.浙江海洋资源环境与海洋开发[M]. 北京:海洋出版社.

孔冬艳,陈会广,吴孔森. 2021.中国"三生空间"演变特征、生态环境效应及其影响因素[J]. 自然资源学报,36(5):1116-1135.

赖国华,胡宝清,李敏,等. 2021.桂西南—北部湾地区"三生"用地演变及其驱动力的地理探测[J]. 水土保持研究,28(4):236-243.

李加林,姜忆湄,冯佰香,等. 2018.海湾开发利用强度分析——以宁波市杭州湾、象山港与宁波市三门湾为例[J]. 应用海洋学学报,37(4):541-550.

李梅娜,印萍,段晓勇,等. 2022.近 20 年来长江三角洲海岸带典型区土地利用变化与生态环境效应研究[J]. 中国地质,2022,49(4):1114-1126.

李彦平,刘大海,罗添. 2021.国土空间规划中陆海统筹的内在逻辑和深化方向——基于复合系统论视角[J]. 地理研究,40(7):1902-1916.

李彦平,王煜萍,曹诚为,等. 2022.基于区际负外部性理论的海岸带空间用途管制研究[J]. 地理研究,41(10):2600-2614.

梁静香,周永东,王忠明,等. 2021.三门湾海域环境质量现状评价及其年际变化[J]. 浙江海洋大学学报(自然科学版),40(2):121-127.

刘光生. 2013.杭州湾水沙运动特性分析[J]. 浙江水利科技,41(2):56-60.

刘静,刘录三,郑丙辉. 2017.入海河口区水环境管理问题与对策[J]. 环境科学研究,30(5):645-653.

刘柯. 2019.论环境治理中区域行动者网络的建构[J]. 理论与改革,(3):159-171.

刘伟. 2018.论乡村环境协同治理的行动者网络及其优化策略[J]. 学海,(2):114-120.

刘宣,王小依. 2013.行动者网络理论在人文地理领域应用研究述评[J]. 地理科学进展,32(7):1139-1147.

刘燕. 2016.论"三生空间"的逻辑结构、制衡机制和发展原则[J]. 湖北社会科学,(3):5-9.

刘永超,李加林,王新新,等. 2022.浙江三门湾湿地遥感时间序列演变分析[J]. 自然资源学报,37(4):1036-1048.

楼琇林. 2010.浙江沿岸上升流遥感观测及其与赤潮灾害关系研究[D]. 山东:中国海洋大学,88-109.

马仁锋,辛欣,姜文达,等. 2020.陆海统筹管理:核心概念、基本理论与国际实践[J]. 上海国土资源,41(3):25-31.

马志娟,王诗雨,吴春兰,等. 2019.生态保护与经济发展协同机制研究——基于南京市美丽乡村建设的思考[J]. 江苏农业科学,47(21):1-5.

乔斌,曹晓云,孙玮婕,等. 2023.基于生态系统服务价值和景观生态风险的生态分区识别与优化策略——以祁连山国家公园青海片区为例[J]. 生态学报,43(3):986-1004.

任玲,杨军. 2000.海洋中氮营养盐循环及其模型研究[J]. 地球科学进展,(1):58-64.

唐泓淏,牟秀娟,余静,等. 2020.实现省级主体功能分区陆海统筹:问题与对策[J]. 海洋开发与管理,37(5):3-9.

王佃利,付冷冷. 2021.行动者网络理论视角下的公共政策过程分析[J]. 东岳论丛,42(3):146-156.

王鹏飞,王瑞璠. 2017.行动者网络理论与农村空间商品化——以北京市麻峪房村乡村旅游为例[J]. 地理学报,72(8):1408-1418.

王琪. 2019.基于陆海统筹的蓝色海湾整治管理创新研究[M]. 北京:人民出版社.

王晓广. 2013.生态文明视域下的美丽中国建设[J]. 北京师范大学学报(社会科学版),(2):19-25.

王盈盈,谢漪,王敏. 2017.精准扶贫背景下农村电商关系网络与地方营造研究——以广东省五华县为例[J]. 世界地理研究,6(6):119-130.

王颖,刘桦,张景新. 2011.杭州湾北岸水下地形冲淤演变分析[J]. 水道港口,32(3):173-178.

王永润,王亚飞,张静文,等. 2021.海岸带土地利用转型及其生态环境效应——以福建海岸带为例[J].环境科学学报,41(10):3927-3937.

吴文盛.2019.美丽中国理论研究综述:内涵解析、思想渊源与评价理论[J].当代经济管理,(12):1-6.

吴莹,卢雨霞,陈家建,等.2008.跟随行动者重组社会——读拉图尔的《重组社会:行动者网络理论》[J].社会学研究,(2):218-234.

谢花林.2008.基于景观结构和空间统计学的区域生态风险分析[J].生态学报,(10):5020-5026.

谢元,张鸿雁.2018.行动者网络理论视角下的乡村治理困境与路径研究——转译与公共性的生成[J].南京社会科学,(3):70-75.

许黎,曹诗图,柳德才.2017.乡村旅游开发与生态文明建设融合发展探讨[J].地理与地理信息科学,33(6):106-111,124.

杨东方,高振会,王凡,等.2007.长江口理化因子影响初级生产力的探索Ⅲ.长江河口区水域磷酸盐供给的主要水系组成[J].海洋科学进展,(4):495-505.

杨清可,段学军,王磊,等.2018.基于"三生空间"的土地利用转型与生态环境效应——以长江三角洲核心区为例[J].地理科学,38(1):97-106.

杨清可,段学军,王磊,等.2021.长三角区域一体化与城市土地利用效率的协同测度及交互响应[J].资源科学,43(10):2093-2104.

杨容滔.2023.海水养殖成近海重要污染源[J].生态经济,39(6):9-12.

杨潇,孙瑞杰,姚荔.2018.海洋主体功能区制度:内涵、特征与框架[J].生态经济,34(8):180-183.

杨羽頔,孙才志.2014.环渤海地区陆海统筹度评价与时空差异分析[J].资源科学,36(4):691-701.

姚炎明,黄秀清.2015.三门湾海洋环境容量及污染物总量控制研究[M].北京:海洋出版社.

叶向东.2008.海陆统筹发展战略研究[J].海洋开发与管理,(8):33-36.

余敏江,邹丰.2022.让社会活力激发出来:长三角水环境协同治理中的行动者网络建构[J].江苏社会科学,(1):43-51,242.

余敏江,邹丰.2022.制度与行动者网络:新加坡环境精细化治理的实践及其启示[J].学术研究,(7):44-51,177.

余敏江.2016.以环境精细化治理推进美丽中国建设研究论纲[J].山东社会科学,(6):17-22.

张华玉,秦年秀,汪军能,等.2022.广西海岸带土地利用时空格局及其驱动因子[J].水土保持研究,29(3):367-374.

张体委.2020.超越结构与行动——政策网络理论发展路径反思与"结构化"分析

框架建构[J]. 天津行政学院学报,22(3):3-12,78.

张晓浩,黄华梅,林静柔. 2022.市级海洋国土空间开发保护新格局的规划响应路径研究[J]. 规划师,38(1):85-90.

张旭,张继伟,陈凤桂,等. 2021.基于 GIS 的海口海岸带空间功能分区研究[J]. 海洋开发与管理,38(5):35-41.

赵强. 2011.城市治理动力机制:行动者网络理论视角[J]. 行政论坛,8(1):74-77.

赵宗金,郭仕炀. 2018.沿海地区居民海洋环境风险感知状况的研究——基于青岛市的调查[J]. 中国海洋社会学研究,103-116.

郑贵斌. 2013.我国陆海统筹区域发展战略与规划的深化研究[J]. 区域经济评论,(1):19-23.

郑辽吉.2018.基于行动者—网络理论的乡村旅游转型升级分析[J]. 社会科学家,(10):91-97.

中国海湾志编纂委员会. 1993.中国海湾志第 6 分册浙江省南部海湾[M]. 北京:海洋出版社.

Chaudhury A S, Thornton T F, Helfgott A, et al. 2017. Ties that bind:Local networks, communities and adaptive capacity in rural Ghana[J]. Journal of Rural Studies, 53:214-228.

Laubenstein T, O'Donnell T, Evans K, et al. 2021. Sustainable oceans and coasts national strategy 2021-2030[R]. Canberra:Australian Academy of Science.

Ansong J O, McElduff L, Ritchie H. 2020. Institutional integration in transboundary marine spatial planning:A theory-based evaluative framework for practice[J]. Ocean & Coastal Management, 202(2):105430.

Bricelj V M, Lonsdale D J. 1997. Aureococcus anophagefferens:Causes and ecological consequences of brown tides in US mid-Atlantic coastal waters[J]. Limnology and Oceanography, 42(5part2):1023-1038.

Burga R, Rezania D. 2017. Project accountability:An exploratory case study using actor-network theory[J]. International journal of project management, 35(6):1024-1036.

Fischer J, Gardner T A, Bennett E M, et al. 2015. Advancing sustainability through mainstreaming a social-ecological systems perspective[J]. Current opinion in environmental sustainability, 14(14):144-149.

Forst M F. 2009. The convergence of Integrated Coastal Zone Management and the ecosystems approach [J]. Ocean & Coastal Management, 52(6):294-306.

Gill G S, Shinde K. 2019. Evolution of the coastal zone management law in India and its implementation: Case study of Mumbai metropolitan region, India [C]// Coastal Cities.

Harvey N, Clarke B. 2019. 21st Century reform in Australian coastal policy and legislation[J]. Marine Policy, 103(MAY): 27-32.

Kitchen L, Marsden T. 2010. Creating Sustainable Rural Development through Stimulating the Eco-economy: Beyond the Eco-economic Paradox? [J]. Sociologia Ruralis, 49(3): 273-294.

Li J M, Wang N. 2022. How and to what extent is ecosystem services economic valuation used in coastal and marine management in China? [J]. Marine policy, (Apr.): 138.

Paerl H W. 1997. Coastal eutrophication and harmful algal blooms: Importance of atmospheric deposition and groundwater as "new" nitrogen and other nutrient sources[J]. Limnology and Oceanography, 42(5): 1154-1165.

Prosser D J, Jordan T E, Nagel J L, et al. 2018. Impacts of coastal land use and shoreline armoring on estuarine ecosystems: an introduction to a special issue [J]. Estuaries and Coasts, 41: 2-18.

Rangan H, Kull C A. 2009. What makes ecology 'political'?: rethinking 'scale' in political ecology[J]. Progress in Human Geography, 33(1): 28-45.

Ruth M. 2006. A quest for the economics of sustainability and the sustainability of economic[J]. Ecological Economics, 56(3): 332-342.

Shields, R. 1993. Lifestyle shopping: The subject of consumption[J]. Revue Française de Sociologie, 34(3): 469-475.

Steen J. 2010. Actor-network theory and the dilemma of the resource concept in strategic management[J]. Scandinavian Journal of Management, 26(3): 1-331.

Wang M, Wang X H, Zhou R, et al. 2020. An indicator framework to evaluate the Blue Bay Remediation Project in China[J]. Regional Studies in Marine Science, 38(383): 101349.